茶事情韵

——鉴茶、泡茶与品茶图鉴

作者／文　婕

新世界出版社
NEW WORLD PRESS

图书在版编目（CIP）数据

茶事情韵：鉴茶、泡茶与品茶图鉴 / 文婕编著 . —北京：新世界出版社，2012.6
ISBN 978–7–5104–2924–8

Ⅰ . ①茶… Ⅱ . ①文… Ⅲ . ①茶－文化－中国－图解
Ⅳ . ① TS971-64

中国版本图书馆 CIP 数据核字 (2012) 第 109674 号

茶事情韵：鉴茶、泡茶与品茶图鉴

作　　者：文　婕
责任编辑：张建平　李晨曦
封面设计：胡　艺
责任印制：李一鸣　黄厚清
出版发行：新世界出版社
社　　址：北京市西城区百万庄大街 24 号（100037）
发 行 部：(010) 6899 5968　　(010) 6899 8733（传真）
总 编 室：(010) 6899 5424　　(010) 6832 6679（传真）
http://www.nwp.cn
http://www.newworld-press.com
版 权 部：+86 10 6899 6306
版权部电子信箱：frank@nwp.com.cn
印　　刷：北京市松源印刷有限公司
经　　销：新华书店
开　　本：787×1092　1/16
字　　数：180 千　　印张：15
版　　次：2012 年 7 月第 1 版　　2019 年 1 月第 2 次印刷
书　　号：ISBN 978–7–5104–2924–8
定　　价：98.00 元

前 言

人间有仙品，茶为草木珍。蛮名噪海外，美誉入杯樽。茶之荣也！浓茶解烈酒，淡茶养精神。花茶和肠胃，清茶滤心尘。茶之德也！

中国是茶的故乡，也是茶文化的发祥地。茶的发现和利用，在中国已经有四五千年历史，且常盛不衰，传遍全球。茶已成为全世界最大众化、最受欢迎、最有益于身心健康的绿色饮料。中国俗语中的开门七件事"柴米油盐酱醋茶"亦都表明茶在中国文化中的重要性。在古中国和平盛世的时候，茶也开始成为了文人雅士们的消遣之一，和"琴棋书画诗酒"并列。

茶文化的内涵其实就是中国文化内涵的一种具体表现，谈茶文化必须结合中国汉文化而论之。中国素有礼仪之邦之称谓，茶文化的精神内涵即是通过沏茶、赏茶、闻茶、饮茶、品茶等习惯和中华民族的文化内涵及礼仪相结合形成的一种具有鲜明中国文化特征的现象，也可以说是一种礼节现象。礼在中国古代用于定亲疏，决嫌疑，别同异，明是非。在长期的历史发展中，礼作为中国社会的道德规范和生活准则，对汉族精神素质的修养

起了重要作用；同时，随着社会的变革和发展，礼不断被赋予新的内容，和中国的一些生活中的习惯与形式相融合，形成了各类中国特色的文化现象。

茶，已不仅仅作为一种日常生活不可或缺的饮料，更作为一种文化生活，从遥远的神话传说走进了现代生活。茶教人学会包容和忍让，并让人认识本心，回归本心，是中国人的图腾饮料。在生活中，总能遇到适合自己的那一杯茶。

本书在识茶、泡饮、鉴赏三方面的探讨皆以茶文化之全面性为考量，茶的种类几乎涵盖了茶家族的全体成员；泡茶、品饮的方法不拘于任何流派与地域性，隐藏其间的只是一种茶道艺术。茶可绿化人的身体，净化人的灵魂，提升人的修为。希望本书可以帮助现代人纷繁疲累的心灵寻找到宁静致远的源头。

编　者

目录
Contents

寻茶问道——话茶史　第一章

品茗赏茶——识名茶　第二章

Contents

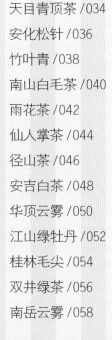

二、红茶 /084

器为茶之父——择具 第三章

水是茶之母——选水 第四章

茶之雅趣——学茶技 第五章

第一章

寻茶问道——话茶史

　　中国是茶的故乡。中华民族是发现、栽培茶树，加工、利用茶叶最早的国家。悠久的产茶历史，辽阔的茶区，优越的自然条件，精湛的采制技术，形成了源远流长、琳琅满目、千姿百态的中国名茶。中国所以能形成四千余年的茶文化历史，是因为茶不但具有自然的、诱人的、独特的色香味形，而且茶对人体还有独特的功效。

中国饮茶历史最早,陆羽《茶经》云:"茶之为饮,发乎神农氏,闻于鲁周公。"早在神农时期,茶及其药用价值已被发现,并由药用逐渐演变成日常生活饮料。我国历来对选茗、取水、备具、佐料、烹茶、奉茶以及品尝方法等都颇为讲究,因而逐渐形成丰富多彩、雅俗共赏的饮茶习俗和品茶技艺。

中国饮茶方式和习俗的发展和演变,大体可分为几个阶段:

一、上古先秦

　　最初茶叶作为药用而受到关注。古代人类直接含嚼茶树鲜叶汲取茶汁而感到芬芳、清口并富有收敛性快感，久而久之，茶的含嚼成为人们的一种嗜好。该阶段，可说是茶之为饮的前奏。

　　随着人类生活的进化，生嚼茶叶的习惯转变为煎服。即鲜叶洗净后，置陶罐中加水煮熟，连汤带叶服用。煎煮而成的茶，虽苦涩，然而滋味浓郁，风味与功效均胜几筹，日久，自然养成煮煎品饮的习惯。这是茶作为饮料的开端。

二、秦汉时期

　　茶叶的简单加工这时期已经开始出现。鲜叶用木棒捣成饼状茶团，再晒干或烘干以存放，饮用时，先将茶团捣碎放入壶中，注入开水并加上葱姜和桔子调味。此时茶叶不仅是日常生活之解毒药品，且成为待客之食品。另，由于秦统一了巴蜀（我国较早传播饮茶的地区），促进了饮茶知识与风俗向东延伸。西汉时，茶已是宫廷及官宦人家的一种高雅消遣。三国时期，崇茶之风进一步发展，开始注意到茶的烹煮方法，此时出现"以茶当酒"的习俗，说明华中地区当时饮茶已比较普遍。到了两晋、南北朝，茶叶从原来珍贵的奢侈品逐渐成为普通饮料。

三、隋唐时期

　　随着茶事的兴旺，贡茶的出现加速了茶叶栽培和加工技术的发展，涌现了许多名茶，品饮之法也有较大的改进。尤其到了唐代，饮茶蔚然成风，饮茶方式有较大之进步。此时，为改善茶叶苦涩味，开始加入薄荷、盐、红枣等调味。此外，已使用专门烹茶器具，论茶之专著已出现。陆羽《茶经》三篇，备言茶事，更对茶之饮之煮有详细的论述。此时，对茶和水的选择、烹煮方式以及饮茶环境和茶的质量也越来越讲究，逐渐形成了茶道。由唐前之"吃茗粥"到唐时人视茶为"越众而独高"，是我国茶叶文化的一大飞跃。

四、宋朝时期

　　"茶兴于唐而盛于宋"，在宋代，制茶方法出现改变，给饮茶方式带来深远的影响。宋初茶叶多制成团茶、饼茶，饮用时碾碎，加调味品烹煮，也有不加的。随茶品的日益丰富与品茶的日益考究，逐渐重视茶叶原有的色香味，调味品逐渐减少。同时，出现了用蒸青法制成的散茶，且不断增多，茶类生产由团饼为主趋向以散茶为主。此时烹饮手续逐渐简化，传统的烹饮习惯，正是由宋开始而至明清，出现了巨大变更。

五、明清之后

由于制茶工艺的革新，团茶、饼茶已较多改为散茶，烹茶方法由原来的煎煮为主逐渐向冲泡为主发展。茶叶冲以开水，然后细品缓啜，清正、袭人的茶香，甘冽、醇醇的茶味以及清澈的茶汤，更能让人领略茶天然之色香味的品性。随茶类的不断增加，饮茶方式出现两大特点：一，品茶方

法日臻完善而讲究。茶壶茶杯要用开水先洗涤，干布擦干，茶渣先倒掉，再斟。器皿也"以紫砂为上，盖不夺香，又无熟汤气"。二，出现了六大茶类，品饮方式也随茶类不同而有很大变化。同时，各地区由于不同风俗，开始选用不同茶类。如两广喜好红茶，福建多饮乌龙，江浙则好绿茶，北方人喜花茶或绿茶，边疆少数民族多用黑茶、茶砖。

中国茶叶历史悠久，各种各样的茶类品种万紫千红、竞相争艳，犹如春天的百花园，使万里山河分外妖娆。中国名茶就是浩如烟海诸多花色品种茶叶中的珍品。同时，中国名茶在国际上享有很高的声誉。名茶之所以有名，关键在于有独特的风格，主要表现在茶叶的色、香、味、形四个方面。例如杭州的西湖龙井茶向以"色绿、香郁、味醇、形美"四绝著称于世，也有一些名茶往往以其一两个特色而闻名。

一、绿茶

西湖龙井

成品茶点

外形扁平挺秀，色泽绿翠，泡在杯中，芽叶色绿，好比出水芙蓉，栩栩如生。

龙井问茶

功效

具有提神、生津止渴、降低血液中的中性脂肪和胆固醇的作用。

☆ 冲泡

冲泡龙井茶时取一玻璃杯，泡茶时先将 85~90℃ 的沸水冲入洗净的茶杯里，然后投入茶叶，稍许，只见朵朵茶芽袅袅浮起，一旗一枪，交错相映，好比出水芙蓉，俏嫩可人。

☆ 品饮

品饮欣赏，齿颊留芳，沁人肺腑。龙井茶的特点是香郁叶醇，非浓烈之感，宜细品慢啜，非下功夫不能领略其香味特点。

龙井茶泡制出的汤色

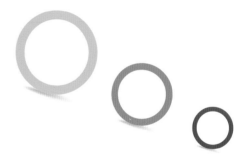

洞庭碧螺春

成品特点

条索紧结，卷曲如螺，白毫毕露，银绿隐翠，叶芽幼嫩，茶水银澄碧绿。

☆ 冲泡

水以初沸为上，水沸之后，用沸水烫杯，让茶盅有热气，以先发茶香。因为碧螺春的茶叶带毛，要用沸水初泡，泡后毛从叶上分离，浮在水上，把第一泡茶水倒去，第二泡才是可口的碧螺春。

☆ 品饮

饮其味，头酌色淡、幽香、鲜雅；二酌翠绿、芬芳、味醇；三酌碧清、香郁、回甘，宛如高级工艺品。

碧螺春泡制出的汤色

功效

茶叶的咖啡碱能兴奋中枢神经系统,帮助人们振奋精神、增进思维、消除疲劳、提高效率。

洞庭山

青山绿水

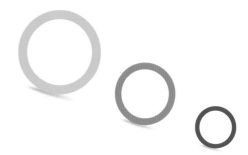

成
品

特

点

色泽绿润、汤色碧绿，属于纯
天然野生植物。

峨眉山

具有清热解毒、明目清肝、益喉润肺，清凉降火的作用。

☆ 冲泡

先以沸水冲烫茶杯，然后取4~5克茶叶，注入 80~85℃的开水200~500毫升，约2~3分钟饮用。

☆ 品饮

微苦清香，苦尽甘来。

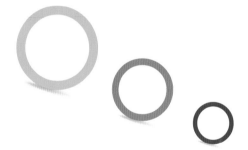

泉岗辉白

成品特点

形状好似圆珠，盘花卷曲，紧结匀净，色白起霜，白中隐绿，冲泡后汤色黄明，叶底嫩黄，芽峰显露，完整成朵。

功效

茶叶中保留的天然物质成分，对防衰老、防癌、抗癌、杀菌、消炎等均有特殊效果，为其他茶类所不及。

泉岗辉白泡制出的汤色

☆ **冲泡**

冲泡的水温不可过低，过低，茶叶的味道泡不出，水温过高很容易伤及茶芽，因此将水温控制在 90～100℃之间。

☆ **品饮**

香气浓爽，滋味醇厚。

嵊州厄山乡

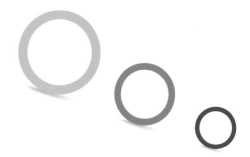

惠明绿茶

成品特点

芽头肥大，叶张幼嫩，嫩匀成朵，一旗一枪，交错相映，芽芽直立，栩栩如生。

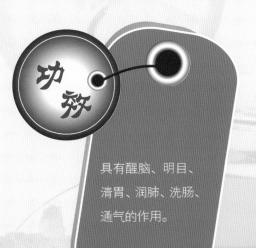

具有醒脑、明目、清胃、润肺、洗肠、通气的作用。

☆ **冲泡**

山青茶香泉水佳，其中最著名的为"南泉"水，清冽甘醇，用南泉水泡惠明绿茶，倍增香甘爽适的饮茶感受。惠明茶泡在杯中汤色清澈。

☆ **品饮**

花香郁馥，滋味甘鲜，回味甜醇，浓而不苦。

惠明绿茶树

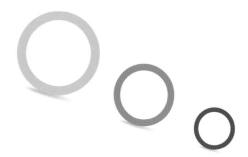

日铸雪芽

成品特点

条索浑圆，紧细略钩曲，形似鹰爪，银毫显露，色泽绿翠，叶底嫩匀成朵，品质优良，茶圣陆羽曾评其为珍贵仙茗。

借人喻茶——清雅

功效

具有抗菌作用。研究显示，日铸雪芽中儿茶素对引起人体致病的部分细菌有抑制效果，同时又不致伤害肠内有益菌的繁衍，因此绿茶具备润肠的功能。

☆ **冲泡**

由于其萌发期较迟，其成品茶条索紧细，芽身满披白色茸毛，带有兰花芳香，味甘而滋，气厚醇永，汤色呈乳白色，经五次冲泡，香味依然存在。汤色黄绿明亮。

☆ **品饮**

香清鲜持久，滋味醇厚回甘。

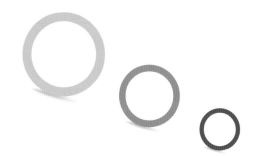

黄山毛峰

成品茶点

采摘细嫩，制作精细，成茶形
如雀舌，是毛峰茶中的上品。

黄山

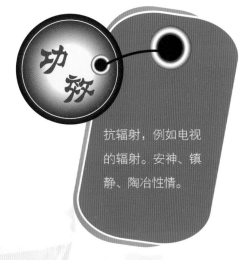

☆ **冲泡**

以 80℃左右的水冲泡为宜，玻璃杯或白瓷茶杯均可，一般可续水冲泡 2～3 次。如用黄山泉水冲泡黄山茶，品味更佳。茶色如象牙。

☆ **品饮**

香味清高，滋味鲜醇。

抗辐射，例如电视的辐射。安神、镇静、陶冶性情。

白瓷茶杯

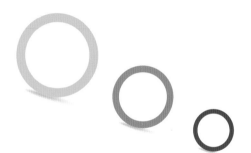

信阳毛尖

成
品
特
点

品质上乘，外形细秀匀直，显
峰苗，白毫遍布。其颜色鲜润、
干净，不含杂质，叶底嫩绿、
明亮、细嫩、匀齐。

河南大别山

☆ **冲泡**

茶与水的用量：建议以每克茶泡
50～60毫升适温沸水为好。按"浅茶
满酒"的习惯要求，通常一只200毫
升的茶杯，冲上150毫升的适温沸水，
放3克左右的茶就可以了。冲泡后的
汤色嫩绿。

☆ **品饮**

香气高雅、清新，味道鲜爽、醇香、
回甘。

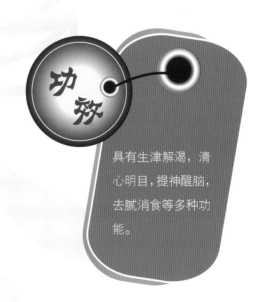

功效

具有生津解渴，清
心明目，提神醒脑，
去腻消食等多种功
能。

都匀毛尖

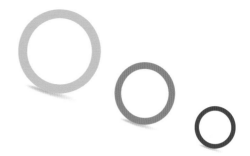

成品特点

成品毛尖茶芽尖细呈条索状，白毫特多，色泽鲜绿，在国内外市场享有盛誉。

贵州都匀木桥

都匀文峰塔

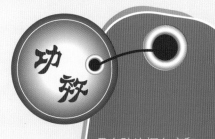

具有防治坏血病和护御放射性元素等多种功能；常喝毛尖茶，能降低血压。

☆ 冲泡

沿杯壁注入80℃的水，最好用矿泉水或山上的泉水冲泡，都匀毛尖茶的冲泡，一般用玻璃杯或白瓷盖碗，汤色绿中透黄。

☆ 品饮

品质润秀，香气清嫩，滋味醇厚，回味甘甜。

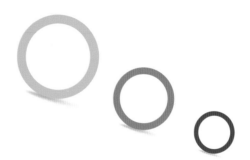

天山绿茶

成品特点

色泽翠绿，叶底嫩绿，素以"三绿"著称。其外形条索紧细、匀整、翠绿，锋苗挺秀，茸毛特多。

天山

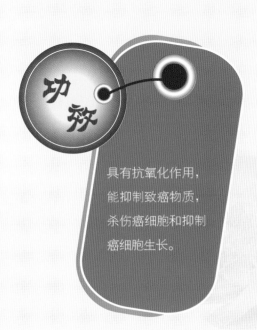

具有抗氧化作用，
能抑制致癌物质，
杀伤癌细胞和抑制
癌细胞生长。

☆ **冲泡**

汤色碧绿、清澈明亮，用80℃的
水冲泡，该茶具有耐泡的特点。最好用
玻璃杯冲泡，便于充分欣赏天山绿茶的
外形、内质。

☆ **品饮**

香似珠兰，清雅持久，滋味浓厚回
甘。

绿雪芽

成品特点

两叶抱芽，平展挺直，自然舒展，白毫隐伏，叶色苍绿匀润，叶底嫩绿匀亮。

☆ **冲泡**

优质绿雪芽可用 70℃ 左右的水洗茶一遍，低温不会破坏茶叶内成分。再用 90℃ 沸水冲泡，冲泡后香气与汤色等特点明显。汤色清绿明净。

☆ **品饮**

其滋味鲜爽甘醇，回韵长久而齿颊留香，有鲜橄榄的回甘，喉韵感强。

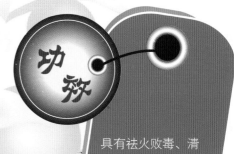

功效

具有祛火败毒、清脾提神、养精健体之功效。

福鼎市桐山溪大桥

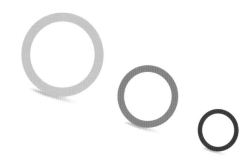

石亭绿

成
品
特
点

身骨重实，色泽银灰带绿，叶底明翠嫩绿。

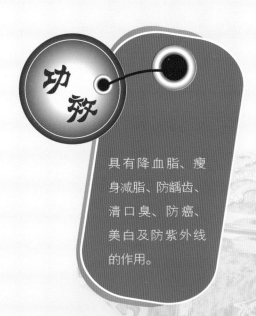

功效

具有降血脂、瘦身减脂、防龋齿、清口臭、防癌、美白及防紫外线的作用。

☆ **冲泡**

石亭绿茶的冲泡温度不宜过高，否则会破坏茶叶中的氨基酸、糖类、维生素和芳香性物质，使质量、香气、滋味都有所降低。冲泡后的汤色清澈碧绿。

☆ **品饮**

滋味醇爽，香气浓郁，似兰花香，又似绿豆及杏仁等香气，誉为"三香"。

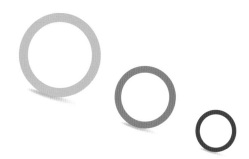

天目青顶茶

外形紧结成条，叶质肥厚，芽毫显著，色泽深绿，油润有光。

☆ **冲泡**

天目青顶茶宜用降温以后的沸水泡茶。如果用沸水直接冲泡，会使茶的叶色和汤色变黄，茶芽无法直立。冲泡后，汤色清澈明净。

☆ **品饮**

芽叶朵朵可辨，滋味鲜美，清香持久。

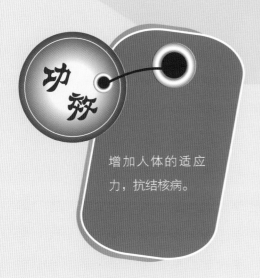

增加人体的适应力，抗结核病。

临安北境

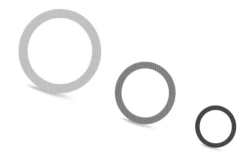

安化松针

成品特点

外形细直秀丽，翠绿匀整，宛如松针；叶底匀嫩，形质俱佳，逗人喜爱。

安化茶马古道

☆ **冲泡**

投放茶叶后，先注入 1/3 热水，待茶叶吸足水分，舒展开来后，再注满热水。泡制出的茶汤清澈明亮。

☆ **品饮**

香气浓厚，滋味甜醇。

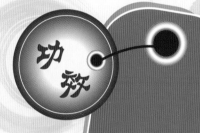

功效

具有减肥降脂的保健功能，能有效地保护心脏，预防心血管病。

安化符竹溪的竹叶山

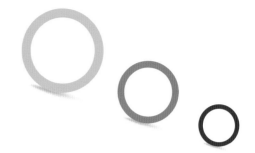

竹叶青

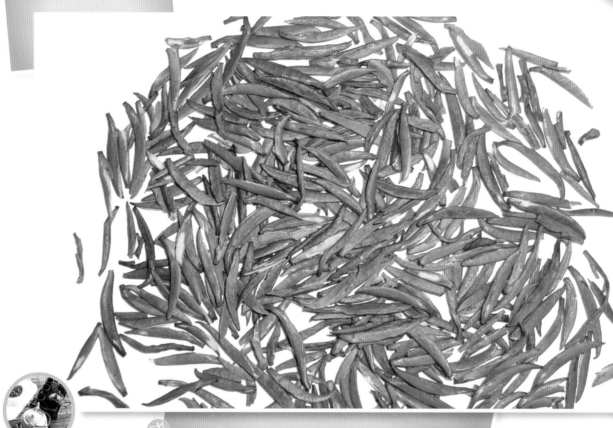

成品特点

外形扁条，两头尖细，形似竹叶，叶底嫩绿均匀。

竹叶青茶博园

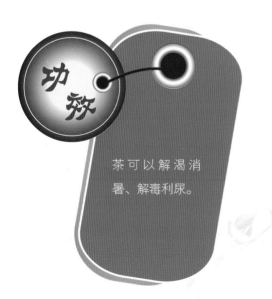

茶可以解渴消暑、解毒利尿。

☆ **冲泡**

以80℃左右为宜，通常是指将水烧开后再冷却至该温度。这样泡制出的汤色才清明。

☆ **品饮**

内质香气高鲜；滋味浓醇。

茶

南山白毛茶

成品特点

紧结微曲，细嫩秀丽，色泽绿润，白毫覆被，叶底嫩绿匀整。

南山

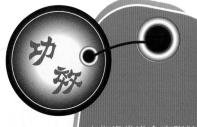

☆ 冲泡

白毛茶的老叶，采摘在生长后期，日晒时间长，价格也低廉，含儿茶素较多些，而儿茶素溶出率随水温升高而增多，适宜开水冲泡饮服。汤色绿黄清亮。

☆ 品饮

香色纯正持久，滋味醇厚，回甘滑喉，具有类似荷花的清香之气，又有似蛋奶之香气。

人们经常进食高脂肪饮食后，血管会出现硬化现象，如果同食或在食后饮用白毛茶，久之可使血管软化。

茶

雨花茶

成品特点

以紧、直、绿、匀为其特色，其形似松针，条索紧直、浑圆，两端略尖，锋苗挺秀，茸毫隐露，绿透银光，叶底嫩匀明亮。

南京龙王山

☆ **冲泡**

可用沸水冲泡，芽芽直立，上下沉浮，犹如翡翠，汤色绿而清澈，茶入水即沉。

☆ **品饮**

香气浓郁高雅，滋味鲜醇。

功效

有止渴清神、消食利尿、治喘、祛痰、除烦去腻等功效。

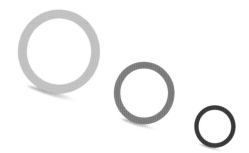

仙人掌茶

成品特点

属绿茶类，外形扁平似掌，色泽翠绿，白毫披露，观之令人爽目。

玉泉山上的妙高塔

☆ 冲泡

大凡高档细嫩名仙人掌茶，一般选用玻璃杯或白瓷杯饮茶，而且无须用盖，这样一则增加透明度，便于人们赏茶观姿；二则以防嫩茶泡熟，失去鲜嫩色泽和清鲜滋味。冲泡之后，芽叶舒展，嫩绿纯净，似朵朵莲花挺立水中，汤色嫩绿，清澈明亮。

☆ 品饮

清香雅淡，沁人肺腑，滋味鲜醇爽口。初啜清淡，回味甘甜，继之醇厚鲜爽，弥留于齿颊之间，令人心旷神怡，回味隽永。

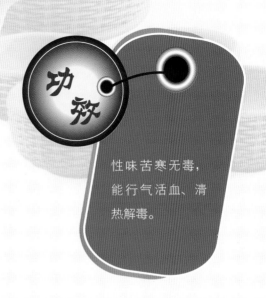

功效

性味苦寒无毒，能行气活血、清热解毒。

径山茶

成品特点

条索纤细苗秀，芽锋显露，色泽翠绿，叶底嫩匀明亮。

天目山（径山，天目山的余脉）

☆ **冲泡**

在冲泡时，可以先放水后放茶，而且茶叶会很快沉入杯底的特点是其他名茶所不能有的。汤色嫩绿莹亮，经饮耐泡。

☆ **品饮**

内质有独特的板栗香且清香持久，滋味甘醇爽口，香气清幽。

采茶

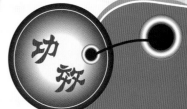

功效

具有降血糖、调节机体对非特异刺激反应性的作用。

安吉白茶

成品特点

外形挺直略扁，色泽翠绿，汤色淡青。

☆ **冲泡**

冲泡时采用回旋注水法，可以欣赏到茶叶在杯中上下旋转，加水量控制在约占杯子的三分之二为宜。冲泡后静放2分钟。

☆ **品饮**

茶味鲜爽，回味甘甜，口齿留香。

安吉县

功效

保护神经细胞保肝护胃防辐射降血压、降血脂、降血糖。消除神经紧张和镇静作用。

华顶云雾

成品特点

细紧圆直，白毫显露，色泽翠绿。

功效

风味独特的云雾茶，由于受庐山凉爽多雾的气候及日光直射时间短等条件影响，形成叶厚，毫多，醇甘耐泡，含单宁，芳香油类和维生素较多等特点，不仅味道浓郁清香，怡神解泻，而且可以帮助消化，杀菌解毒。

天台山

☆ 冲泡

茶具以沸腾的开水冲洗加温后，放入适量茶叶再以沸水冲泡即可。 一次所用茶叶，可依个人喜好连续冲泡数次。使用陶土制茶具泡茶，其风味更佳。泡制出的茶色为青绿色。

☆ 品饮

香气清高，滋味鲜醇，产于佛教胜地天台山诸山峰，尤以最高峰华顶所产为最著名，向有"雾浮华顶托彩霞，归云洞口茗奇佳"的赞誉。

江山绿牡丹

成品特点

条直似花瓣，形态自然，犹如牡丹，白毫显露，色泽翠绿诱人，叶底成朵，嫩绿明亮。

功效

江山绿牡丹含有茶碱及咖啡因，可以经由许多作用活化蛋白质激酶及三酸甘油酯解脂酶，减少脂肪细胞堆积，从而达到减肥功效。

☆ 冲泡

道具简单，泡法自由，十分适合大众饮用。可直接将沸水冲入烫壶中至溢满为止。汤色碧绿清澈。

☆ 品饮

香气清高，滋味鲜醇爽口。

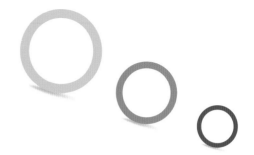

桂林毛尖

成品特点

条索紧细，白毫显露，色泽翠绿，叶底嫩绿明亮。

桂林山水

☆ 冲泡

茶与水的比例要恰当，通常茶与水之比为 1:50 ~ 1:60 为宜；泡茶的水温，要求在 80℃ 左右最为适宜；将茶叶放入杯中后先倒入少量开水，以浸透茶叶为度，加盖 3 分钟左右，再加开水到七八成满，便可趁热饮用。汤色碧绿清澈。

☆ 品饮

成茶气味清醇甘美，滋味醇和鲜爽，香气清高持久。

具有提神清脑、解暑降温、生津止渴、消食解腻、健身减肥、防癌抗癌、延年益寿之功效。

双井绿茶

成品参点

外形圆紧略曲，形如凤爪，锋苗润秀，银毫显露，叶底嫩绿。

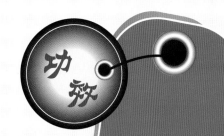

具有提神清心、清热解暑、消食化痰、去腻减肥、清心除烦、解毒醒酒、生津止渴、降火明目、止痢除湿等功效。

☆ **冲泡**

先将 75~85℃的沸水冲入杯中，然后取茶投入，茶叶便会徐徐下沉。冲泡出的汤色明亮。

☆ **品饮**

内质香气清高持久，滋味鲜醇。

欧阳修雕像（欧阳修曾将双井绿茶推崇为全国"草茶第一"）

茶

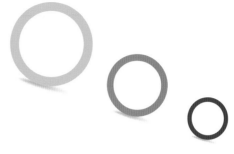

成品 特点

条索紧细卷曲，色泽翠绿，银毫满披。

☆ **冲泡**

南岳云雾茶形状独特，可直接用开水泡之，尖子朝上，叶瓣斜展如旗，颜色鲜绿，沉于水底，恰似玉花璀璨，风姿多彩。

☆ **品饮**

具有一股浓郁的清香，沁人心脾，甜润醉人；甜、辛、酸、苦皆有之，又令人回味良久。

广济寺

珍珠泉

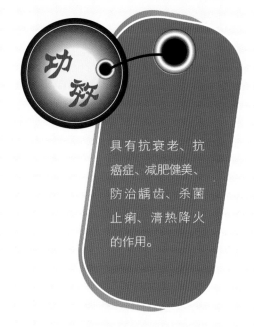

功效

具有抗衰老、抗癌症、减肥健美、防治龋齿、杀菌止痢、清热降火的作用。

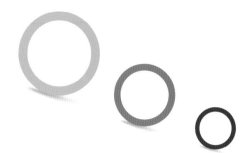

普陀山佛茶

成
品
特
点

风貌特殊，外形紧细，卷曲呈
螺状形，色泽绿润显毫。

☆ **冲泡**

冲泡水温宜控制在 75～85℃之间，冲泡后汤色黄绿明亮，芽叶成朵。

☆ **品饮**

饮后顿感香气清香高雅，滋味鲜美浓郁。

普陀佛茶树

普陀山佛塔

功效

普陀山佛茶不仅被普陀山佛道两门视为防治百病、排毒养颜、久服轻身而延年益寿的养生饮品，而且曾作为贡茶敬献朝廷。

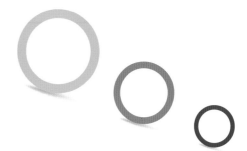

云台云雾

成
品
特
点

其香如栗，馥郁隽永；外形细紧，宛如松针；一旗一枪，芽叶细嫩，可谓色、香、味、形、质俱佳。

云台山

☆ **冲泡**

云雾茶的泡制方法也别具一格。沏茶时，最好先倒半杯开水，温度掌握在 80~90℃ 之间，不加杯盖，茶叶刹时舒展如剪，翠似新叶。须臾，再加二遍水，在清亮黄绿的茶液中，似有簇簇茶花，茵茵攒动。汤色黄绿、清亮悦目。

☆ **品饮**

品饮时具有滋味醇厚、清香爽神、沁人心脾、回味绵长的特点。

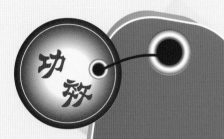

功效

具有怡神解泻、帮助消化、杀菌解毒、防止肠胃感染、增加抗坏血病等功能。

花果山

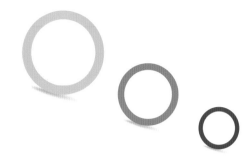

南山寿眉

    成品特点

条索微扁略弯，色泽翠绿披白毫，形似寿者之眉，叶底嫩绿完好。

☆ 冲泡

冲泡时采用回旋注水法，可以欣赏到茶叶在杯中上下旋转，水温控制在80℃，加水量控制在约占杯子的 2/3 为宜，冲泡后静放 2 分钟。汤色清澈明亮。

☆ 品饮

香气清雅持久，滋味鲜爽醇和，倘若想畅游天目湖，有机会一定要荡漾碧波竹筏、品饮南山寿眉，会使人心旷神怡、神采焕发。

功效

保护神经细胞，对脑损伤和老年痴呆症可能有帮助；能通过调节脑中神经传递物质的浓度使高血压患者降低血压。

清明至谷雨前采摘寿眉

蒙顶甘露

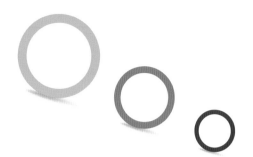

成品卷点

条形细紧显毫，色泽碧绿光润；茶叶条条伸展开来，一芽一叶清晰可靠，具有高山茶的独特风格。茶以紧卷多毫、色泽翠绿、鲜嫩油润为特色。

☆ 冲泡

　　蒙顶甘露的冲泡宜采用上投法，也就是先在玻璃杯或白瓷茶杯中注入 75～85℃ 的热开水，然后取茶投入，茶叶条条伸展开，一芽一叶清晰可见，茶汤清亮、深泛绿、浅含黄。

☆ 品饮

内质香高而爽，味醇而甘，香气清雅，扬名中外。

功效

有抗衰老、抗癌症、抗心脑血管疾病、防辐射、清热解渴、利尿、减肥、美白的作用。

开化龙顶

成品参点

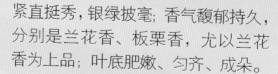紧直挺秀，银绿披毫；香气馥郁持久，分别是兰花香、板栗香，尤以兰花香为上品；叶底肥嫩、匀齐、成朵。

大龙山

☆ **冲泡**

品龙顶茶宜以玻璃杯、用80℃左右的热水冲泡（先水后茶），只见芽尖从水面徐徐下沉至杯底，小小蓓蕾慢慢展开，绿叶呵护着嫩芽，片片树立杯中，栩栩如生，煞是好看。汤色杏绿、清澈、明亮。

☆ **品饮**

闻其幽香，啜其玉液，甘鲜醇爽，清香醉人。

令人精神愉悦、心旷神怡，且具有生津止渴、清肝明目、提神醒脑等诸多功效，是当今公认最安全又营养的绿色健康饮品。

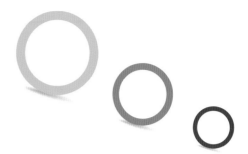

金山翠芽

成品特点

扁平挺削匀整，色翠显毫，嫩香，叶底肥壮嫩绿明亮。

☆ **冲泡**

可直接将沸水冲入烫壶中至溢满为止。冲泡后旗枪林立，汤色嫩绿明亮。

☆ **品饮**

干茶香味扑鼻，绿茶中少有的高香，香味独特；滋味鲜醇浓厚，先苦涩显著，后甘甜生津；杯底挂香不明显；叶底肥匀嫩绿，非常漂亮。饮罢，两字概括——"过瘾"。

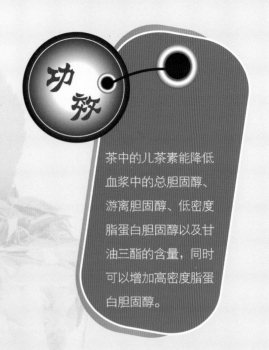

功效

茶中的儿茶素能降低血浆中的总胆固醇、游离胆固醇、低密度脂蛋白胆固醇以及甘油三酯的含量，同时可以增加高密度脂蛋白胆固醇。

镇江

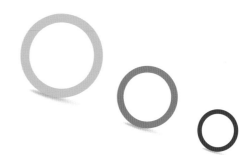

六安瓜片

成品特点

外形似瓜子形的单片，不带芽梗，
自然平展，叶缘微翘，色泽宝绿，
富有白霜，叶底绿嫩明亮。

六安瓜片泡制出的汤色

☆ 冲泡

六安瓜片一般都采用两次冲泡的方法。先用少许的水温润茶叶，当然水温一般在80℃，如果用100℃沸水来冲泡就会使茶叶受损，茶汤变黄，味道也就成了苦涩味；"摇香"能使茶叶香气充分发挥，使茶叶中的内含物充分溶解到茶汤里。汤色清澈透亮。

☆ 品饮

清香高爽，滋味鲜醇回甘。

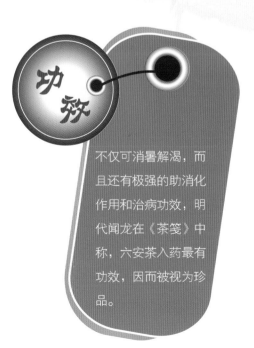

功效

不仅可消暑解渴，而且还有极强的助消化作用和治病功效，明代闻龙在《茶笺》中称，六安茶入药最有功效，因而被视为珍品。

用玻璃杯泡制

太平猴魁

成品特点

茶芽挺直，肥壮细嫩，外形魁伟，色泽苍绿，全身毫白，是尖茶中最好的一种。

功效

对慢性咽炎，经常吸烟者具有很好的治疗效果。

☆ **冲泡**

用 90℃开水冲泡，首次加水 1/3 杯，等待 1 分钟，茶叶将逐渐浸润舒展成形；待第二次加水，3～5 分钟即可饮用。汤清质绿，水色明亮。

☆ **品饮**

品其味，则幽香扑鼻，醇厚爽口，回味无穷，可体会出"头泡香高，二泡味浓，三泡四泡幽香犹存"的意境，有独特的"猴韵"。

太平猴魁细微图

茶

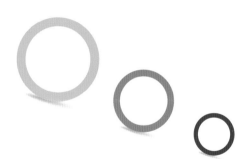

金坛雀舌

成

品

特

点

状如雀舌，干茶色泽绿润，扁平挺直，
叶底嫩匀成朵。

☆ **冲泡**

冲泡时，金坛雀舌茶与水的比例要恰当，通常茶与水之比为 1∶50~1∶60 为宜；泡茶的水温，要求在 80℃左右最为适宜；通常以冲泡三次为宜。冲泡后色泽绿润。

☆ **品饮**

滋味鲜爽醇厚，回味甘甜，泡茶时即使放茶过量，也不苦不涩。

茶园

功效

雀舌茶中含有丰富的氟化物，能坚固牙釉质，并能够防止口腔中形成过量的酸性物质。

生态茶园

雁荡毛峰

成
品
特
点

属半烘青绿茶，其外形紧结，
肉质细嫩，芽毫隐藏或显露，
色泽绿翠，清香高雅，芽叶朵
朵相连。

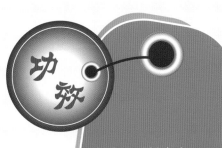

功效

有助于延缓衰老，其所富含的茶多酚具有很强的抗氧化性和生理活性，有助于抑制心血管疾病，对人体代谢有重要作用。

☆ **冲泡**

适合用 80℃的水冲泡，冲泡后茶叶浮于汤面不易下沉。观其茶形，别具茶趣。汤色浅绿明净。

☆ **品饮**

品饮时，一闻浓香扑鼻，再闻香气芬芳，三闻茶香犹存；头泡浓郁，二泡醇爽，三泡仍有感人茶韵，有"幽香移入小壶来"之说。雁荡毛峰耐贮藏，有"三年不败黄金芽"之誉。

休宁松萝

成品特点

条索紧卷匀壮，色泽绿润，香气高爽，滋味浓厚，带有橄榄香味，叶底绿嫩。

休宁松萝山

☆ **冲泡**

以刚煮沸起泡为宜，用软水煮沸泡茶，汤香味更佳。冲泡出的汤色为绿明色。

☆ **品饮**

初喝头几口稍有苦涩的感觉，但是，仔细品尝，甘甜醇和，这是茶叶中罕见的橄榄风味。

功效

有兴奋、强心、利尿、收敛、杀菌消炎等作用，常饮能消除精神疲劳，增强记忆力。

松萝茶树

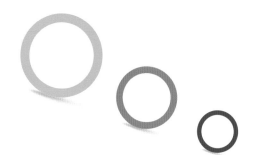

屯溪绿茶

成品特点

外形条索紧结，匀整壮实，色泽绿润。叶底嫩绿厚实柔软，比一般"屯绿"茶香高、味浓、耐冲泡、不涩嘴。

屯溪老街

兰花

功效

降脂减肥，防止心脑血管疾病。饮茶与减肥的关系是特别紧密的，《神农本草》一书早在两千多年前已提及茶的减肥作用："久服安心益气……轻身不老"。

☆ 冲泡

一般茶与水以1：50为宜，最能反映茶汤品质。水过之则太淡，茶过之则苦涩。泡茶水温在85～90℃为宜，当然，还要视茶叶松紧程度。冲泡的汤色嫩黄明亮。

☆ 品饮

香高持久，带熟板栗香或蕴藏兰花香，滋味鲜浓，回味无穷。

二、红茶

成品茶条索紧细苗秀，色泽乌润，金毫显露。

☆ **冲泡**

将水烧沸，茶具最宜景瓷，装上大约占壶容量 1/2 的茶叶，冲入沸水，冲泡后香气高锐持久，隔 45 秒左右倒入小杯。泡制出的茶汤色红艳明亮。

☆ **品饮**

滋味鲜醇酣厚，香气清香持久。

功效

由于红茶成分拥有多项药理作用，因此品尝红茶既能使人享受气定神闲的优雅，在保健美容方面亦具经济而可喜的功效，更增添红茶的魅力。

祁门滩下风光

滇红茶

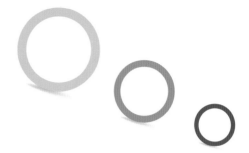

成品特点

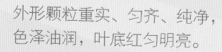

外形颗粒重实、匀齐、纯净，
色泽油润，叶底红匀明亮。

滇红茶

☆ **冲泡**

一定要用沸水先温壶。根据器皿的大小来投茶，一般
3～5克。泡制出的汤色红艳。

☆ **品饮**

内质香气甜醇，滋味鲜爽浓强。

功效

味甘性温，含有丰
富的蛋白质，具有
提神益思、解除疲
劳等作用。

滇红茶细微图

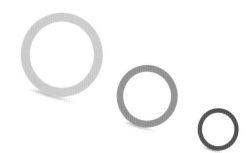

金骏眉

成品特点

条索紧细，色泽金、黄、黑相间，色润，汤色金黄、浓郁、清澈、有金圈。

武夷山

☆ **冲泡**

以优质矿泉水或井水冲泡为佳，先放 3 克茶叶进行温润洗茶后，为保护细嫩的茶芽表面的绒毛及避免茶叶在杯中激烈的翻滚，应该沿着玻璃杯的杯壁慢慢地注水，可保证茶汤的清澈亮丽。

☆ **品饮**

滋味醇厚、甘甜爽滑。

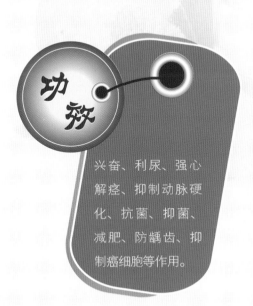

功效

兴奋、利尿、强心解痉、抑制动脉硬化、抗菌、抑菌、减肥、防龋齿、抑制癌细胞等作用。

茶

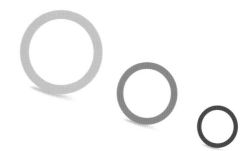

正山小种

成品特点

外形条索肥实，色泽乌润，汤色红浓。

☆ **冲泡**

以 100℃的水温冲泡。高冲可以让
茶叶在水的激荡下，充分浸润，以利于
色、香、味的充分发挥。

☆ **品饮**

滋味醇厚，回味绵长。

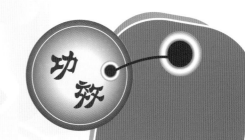

利尿、消炎杀菌、解
毒、提神消疲、生津
清热、抗氧化、延缓
养胃、护胃抗癌、舒
张血管。

武夷山

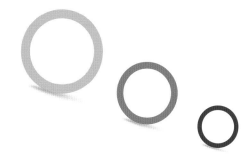

湖红功夫茶

外形条索紧结尚肥实，叶底红暗。

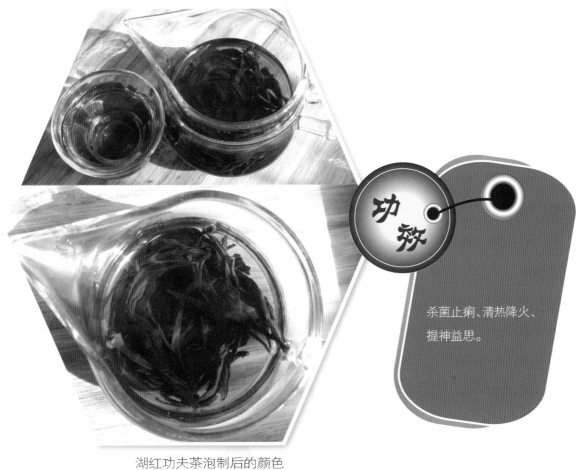

功效

杀菌止痢、清热降火、提神益思。

湖红功夫茶泡制后的颜色

☆ 冲泡

一温壶：先用开水烫壶；二注茶：把水倒干，把适量（壶的1/5～1/4）的茶叶放入壶内并用开水冲泡；三刮沫：刮去浮在壶口上的泡沫，盖上壶盖等 15～30 秒；四注汤：把泡好的茶汤经过滤网注入茶海（一种较大的茶杯）；五点茶：把茶汤倒入闻香杯，用茶杯倒扣在闻香杯上连同闻香杯翻转过来。汤色浓。

☆ 品饮

香气高，滋味醇厚。

川红功夫茶

成品特点

川红功夫茶外形条索肥壮圆紧，显金毫，色泽乌黑油润，叶底厚软红匀。

宜宾翠屏山

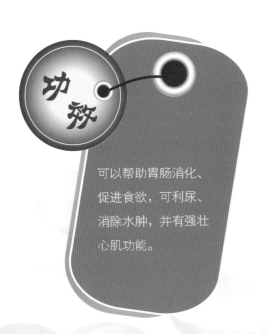

可以帮助胃肠消化、
促进食欲，可利尿、
消除水肿，并有强壮
心肌功能。

☆ **冲泡**

未放置茶叶之前，先将开水冲入空壶，谓之"温壶"。应备有茶匙、漏斗，不宜用手抓茶置放，以免手气、杂味混入，通常将茶叶装至茶壶的 2/3，甚至满溢，数量之多令人咂舌。沸水冲入壶中，至满，使竹筷刮去壶面茶沫，当即倾于茶船或茶海。再冲入开水，但不要沸滚的，这便是第一泡茶。冲泡出的汤色浓亮。

☆ **品饮**

冲泡后，内质香气清鲜带枯糖香，滋味醇厚鲜爽。

茶

宜红功夫茶

成品特点

条索紧结秀丽,色泽乌润显毫,
叶底鲜嫩红匀。

☆ 冲泡

取适量茶叶（一般取茶量约8克）放置于盖碗中，用沸水冲泡。用盖子刮去泡沫。快速将茶冲倒于公道杯中。公道杯上放置滤网，可滤去碎茶叶。由于这第一道茶水主要是洗茶，并不饮用，故而快冲快出为好。用公道杯中的第一道茶水冲洗滤网和茶杯。洗好杯子后，再用沸水冲泡第二道茶水，盖上盖子。泡制出的汤色红艳透明。

☆ 品饮

内质香味鲜醇，香气清鲜醇正，滋味鲜爽醇甜。

功效

茶中的多酚类化合物能防止过度氧化；嘌呤生物碱可间接起到清除自由基的作用，从而达到延缓衰老的目的。

宜红功夫茶的主要产区——神农架

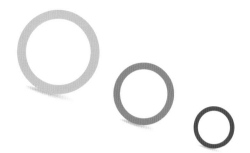

荔枝红茶

成品特点

外型普通，茶汤美味可口，冷热皆宜，进口红茶如蓝莓（伯爵）亦难与其比拟，值得细细品味。

荔枝

☆ 冲泡

品饮荔枝红茶重在贪图它的清香和醇味，所以多用冲泡法，即将3～5克红茶放入白瓷杯中，然后冲入沸水，几分钟后，先闻其香，再观其色，然后品味。一杯茶叶通常可冲泡2～3次。

☆ 品饮

待茶汤冷热适口时，即可举杯品味。尤其是饮高档荔枝红茶，饮茶人需在品字上下工夫，缓缓啜饮，细细品味，在徐徐体察和欣赏之中，品出荔枝红茶的醇味，领会饮荔枝红茶的真趣，获得精神的升华。

功效

荔枝红茶具有很好的保健作用，有利于胃肠消化、促进食欲，可利尿、消除水肿，并强壮心肌功能。

荔枝红茶泡制出的汤色

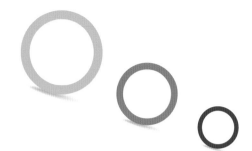

政和功夫茶

成品特点

条索紧结，肥壮多毫，色泽乌润，叶底肥壮尚红。

政和县

☆ **冲泡**

注入正滚沸的开水，以渐歇的方式温壶及温杯，避免水温变化太大。每人用1茶匙（约2.5g）的茶叶量，较能充分发挥红茶香醇的原味，也能享受到续杯乐趣。这样泡制出的汤色红浓。

☆ **品饮**

香气高而鲜甜，滋味浓厚。

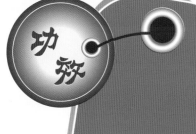

功效

可以帮助胃肠消化、促进食欲，可利尿、消除水肿，并强壮心肌功能。

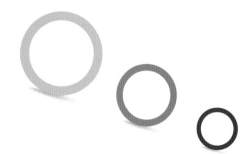

白琳功夫茶

成品特点

条索细长弯曲，茸毫多呈颗粒绒球状，色泽黄黑，叶底鲜红带黄。

白琳功夫茶的产地——太姥山

☆ **冲泡**

一定要注意冲泡的时间，因为快速的冲泡无法完全释出茶叶的芳香，一般专业的茶罐上，都会专门标示出茶叶的浓度大小，这关乎到茶叶冲泡闷的时间。白琳功夫茶冲泡时间一般 2～3.5 分钟为宜。冲泡出的汤色浅亮。

☆ **品饮**

香气鲜醇有毫香，味道清鲜甜和。

功效

白琳功夫茶是一种全发酵茶，是西方人较早知道的中国茶类中的一种名茶。富含有多酚类、咖啡碱、儿茶素、茶黄素、维生素及多种对人类身体有益的微量元素。

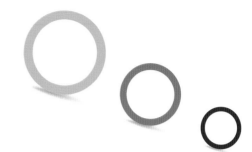

坦洋功夫红茶

成品特点

外形细长匀整，带白毫，色泽乌黑有光，叶底红匀光滑。

功效

坦洋功夫红茶中的咖啡碱藉由刺激大脑皮质来兴奋神经中枢，能够提神、促进思考力集中，进而使思维反应更加敏锐，记忆力增强。

茶园微距

☆ 冲泡

通常结合需要，每杯只放入 3~5 克的红茶，或 1~2 包袋泡茶。若用壶煮，则另行按茶和水的比例量茶入壶。当量茶入杯后，就冲入沸水。如果是高档红茶，以选用白瓷杯为宜，以便"察颜观色"。通常冲水至七分满为止。如果用壶煮，那么，先应将水煮沸，而后放茶配料。冲泡出的汤色鲜艳呈金黄色。

☆ 品饮

内质香味清醇甜和，滋味醇厚。

三、乌龙茶

成品特点

条索壮实沉重，状似蜻蜓头，表面带白霜，色泽沙绿，间有红点；香且极耐冲泡，有"七泡有余香"之说。

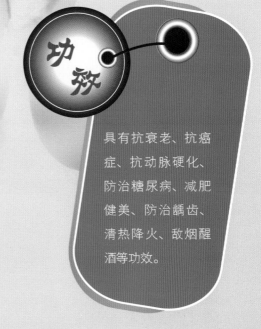

☆ **冲泡**

用开水洗净茶具，把铁观音茶放入茶具，放茶量约占茶具容量的 1/5，把滚开的水提高冲入茶壶或盖瓯，使茶叶转动、露香，用壶盖或瓯盖轻轻刮去漂浮的白泡沫，使其清新洁净；把泡 1 ~ 2 分钟后的茶水依次巡回注入并列的茶杯里。冲泡后汤色金黄。

☆ **品饮**

冲泡后打开杯盖，满室生香，香气馥郁，芬芳扑鼻，入口回甘，令人心旷神怡。

功效

具有抗衰老、抗癌症、抗动脉硬化、防治糖尿病、减肥健美、防治龋齿、清热降火、敌烟醒酒等功效。

安溪铁观音发源地

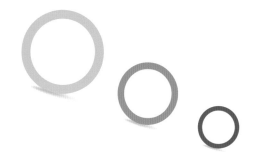

凤凰单丛茶

成品特点

条索粗壮，匀整挺直，色泽黄褐，油润有光，并有朱砂红点；叶底边缘朱红，叶腹黄亮，素有"绿叶红镶边"之称。

兰花

功效

凤凰单丛茶，属乌龙茶类极品名茶，有提神益思、生津止渴、消滞去腻、减肥美容等功效。

☆ **冲泡**

从锡罐里取出8~10克凤凰单丛茶叶，投茶量是盖瓯容量的七八分左右。通常冲泡春茶，投量可稍多；冲泡秋茶量不宜过多。取茶入瓯过程，切不可把茶叶折断压碎，以利于茶汤醇滑，避免涩口。将烧开100℃的沸水，提壶高冲，水要浸满茶叶至瓯面。冲泡出的汤色清澈黄亮。

☆ **品饮**

冲泡清香持久，有独特的天然兰花香，滋味浓醇鲜爽，润喉回甘。

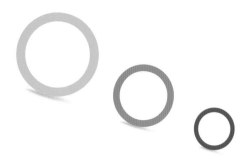

冻顶乌龙茶

成品特点

外形呈半球型弯曲状，色泽墨绿，有天然的清香气。冲泡时茶叶自然冲顶壶盖，饮后杯底不留残渣。

凤凰谷

功效

除了能生津止渴、清爽口气之外，乌龙茶还有预防蛀牙的功效。每天喝1公升乌龙茶能改善皮肤过敏。

☆ 冲泡

茶具宜小，不宜大。茶壶的容量以200毫升，茶杯容量以150毫升为宜。茶具的质地，以瓷器、陶器最好，玻璃次之，金属茶具再次之。冻顶乌龙茶要求滋味浓厚，可多放茶叶。冲泡时间视开水温度、茶叶老嫩和用茶量多少而定。一般冲入开水2～3分钟后即可饮用。汤色呈柳橙黄。

☆ 品饮

味醇厚甘润，发散桂花清香，喉韵回甘十足，带明显焙火韵味。

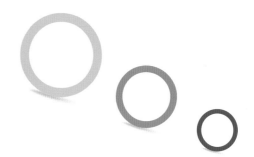

武夷大红袍

条索紧结，色泽绿褐鲜润，叶片红绿相间，具有明显的"绿叶红镶边"之美感。

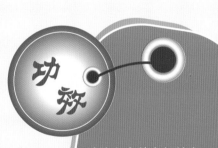

功效

消除危害美容与健康的活性氧。每天喝1公升大红袍能改善皮肤过敏。饮用大红袍能瘦身。具有抗肿瘤、预防老化等功效。

☆ 冲泡

水温控制在100℃以内，好茶还需好水来泡，甘冽的山泉井水为佳，大红袍这种好茶只有用小壶小盅的功夫茶品尝方式，方能体会到大红袍的色香味。冲泡后汤色橙黄明亮。

☆ 品饮

成品茶香气浓郁，滋味醇厚，有明显"岩韵"特征，饮后齿颊留香，经久不退，冲泡九次后还有着原茶的桂花香味。

崇安县武夷山

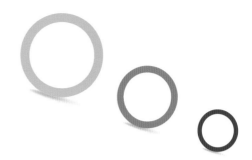

闽北水仙

成品特点

外形状实匀整，尖端扭结，色泽砂绿油润，并呈现白色斑点，俗有"蜻蜓头，青蛙腹"之称。叶缘带有鲜艳的朱砂红边或红点，即"三红七青"。

☆ 冲泡

将沸水（100℃）冲入壶中至溢满为止。将壶内的水倒出至茶船中。将一茶漏斗放在壶口处，然后用茶匙拨茶入壶。将烧的水注入壶中，至泡沫溢出壶口。冲泡出的汤色红艳明亮。

☆ 品饮

香气浓郁芬芳，颇似兰花，滋味醇厚，入口浓厚之余有甘爽回味。

功效

闽北水仙茶叶中的维生素C具有降低血中胆固醇，增强血管韧性、弹性的功效，而且法国及日本医学界的研究证实，饮茶确有降胆固醇及减肥作用。

闽北水仙泡制出的汤色

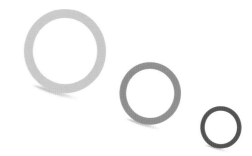

永春佛手

成品特点

茶条紧结肥壮，卷曲，色泽砂绿乌润，香浓，味甘厚，耐冲泡。

永春佛手泡制出的汤色

☆ 冲泡

用开水洗净茶具并提高茶具温度；放茶量大约按茶与水的比例约 1∶20 的比例；当开水初沸，提起开水壶冲入茶具使茶叶转动、露香；用瓯盖轻轻刮去漂浮的泡沫，使茶具清新洁净；泡 1～2 分钟后即可，汤色橙黄清澈。

☆ 品饮

冲泡时馥郁幽芳，冉冉飘逸，就像屋里摆着几颗佛手、香橼等佳果所散发出来的绵绵幽香沁人心腑。

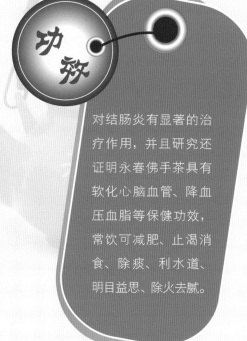

功效

对结肠炎有显著的治疗作用，并且研究还证明永春佛手茶具有软化心脑血管、降血压血脂等保健功效，常饮可减肥、止渴消食、除痰、利水道、明目益思、除火去腻。

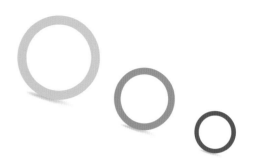

武夷肉桂

成品特点

外形条索匀整卷曲，色泽褐禄，油润有光；干茶嗅之有甜香，叶底匀亮，呈淡绿底红镶边，冲泡六七次仍有"岩韵"的肉桂香。

功效

有防癌、防辐射、抗衰老、抗变异、提高免疫力的功效。

水帘洞

☆ **冲泡**

泡武夷肉桂茶用的茶壶一般都小如香橼，以朱泥壶为佳，而且壶形宜扁不宜高。香高的茶适合用 90℃ 以上的沸水淋杯沏茶。冲泡出的茶汤橙黄清澈。

☆ **品饮**

冲泡后之茶汤，具有奶油、花果、桂皮般的香气；入口醇厚回甘，咽后齿颊留香。

文山包种

成品特点

外观似条索状，色泽翠绿，好的包种茶特别注重香气，这种高香味的茶，贵在开汤后香气特别浓郁，香气越浓郁代表品质越高级，入口滋味甘润、清香，齿颊留香久久不散。具有香、浓、醇、韵、美的特色，素有"露凝香"、"雾凝春"的美誉。

泡制出来的汤色

功效

☆ 冲泡

将茶壶或茶杯注入沸水，让茶具保有温度并清除杂气味。放入包种茶叶，大约为茶具的六分满，依个人口味酌量增减茶量。倒入约90～100℃的热水，约5秒后将水倒掉，第一泡称为温润泡，从第二泡茶开始饮用。水色蜜绿鲜艳带金黄。

☆ 品饮

香气清香幽雅似花香，滋味甘醇滑润带活性。

含有丰富的营养保健成分，可强心、利尿、消除疲劳，有解除尼古丁及酒精中毒的功能，更有消除血脂肪、防止血管硬化的妙效。

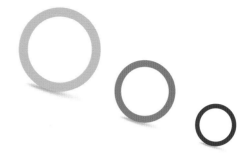

白毫乌龙

成品特点

叶身白绿黄红褐五色相间，不讲究条索，叶片褐红，心芽银白，色泽油润。

白毫乌龙茶的汤色

☆ **冲泡**

将 7～8 克的茶叶放入盖碗（壶），
冲入开水只需浸没茶叶即可，快速倒出
茶汤至茶海，再次烫杯。向壶里再次冲
入开水，需 25～30 秒的时间，即可倒
出至茶海，再将茶海里的茶汤倒入品茗
杯，即可品饮。泡制出的汤色橙红。

☆ **品饮**

冲泡后，具有蜂蜜的味道与纯熟苹
果香，滋味甘润，耐冲泡。

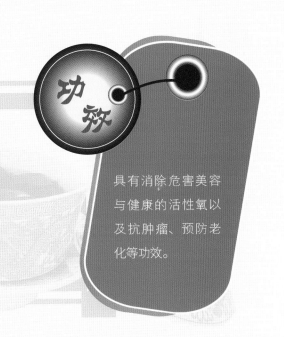

功效

具有消除危害美容
与健康的活性氧以
及抗肿瘤、预防老
化等功效。

饶平色种

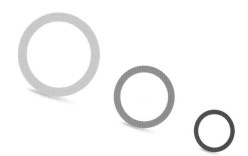

成品卷点

条索紧结秀匀,色泽砂绿鲜润,
叶缘银朱色,叶腹浅黄。

奇兰

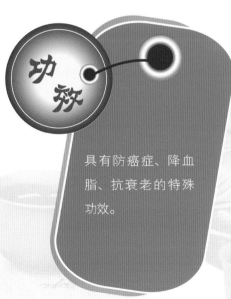

具有防癌症、降血
脂、抗衰老的特殊
功效。

☆ **冲泡**

饶平色种的冲饮方法，与一般红、
绿茶不同，最好以煮沸的清泉水与精雅
小巧的红陶或紫砂茶具冲泡，才能充分
发其茶香，领略品茗的高雅意境。冲泡
出的汤色橙黄清流，叶底匀亮开展。

☆ **品饮**

香气清细有花香，滋味醇厚鲜爽。

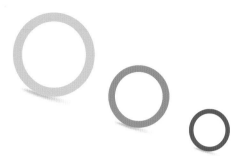

市栅铁观音

成品参考点

条索圆结，卷面呈蜻蜓头形状或半球状，叶厚沉重，叶边镶红色，叶腹绿色，叶蒂呈青色，整体呈深褐色。形状粗大、条索不紧、不卷曲者次之。

功效

具有抗衰老、抗癌症、抗动脉硬化、防治糖尿病、减肥健美、防治龋齿、清热降火、敌烟醒酒等功效。

铁观音细微图

☆ **冲泡**

冲泡铁观音茶，选壶很重要。选壶时要注意，宜宽不宜窄，圆壶优于方形壶，高统壶优于扁形壶。以烧结温度高，同时吸水性强的泥料为佳，朱泥与紫砂都比较好。这类壶保温性好，壶中茶汤不易降温，所以出水要适中，不宜久浸。因为朱泥传导性强，更应掌握倒茶汤的时机。要注意的是，第一泡茶汤倒出后，务必将残留壶底的茶汤倒尽，才可免去铁观音茶碱的释出影响茶汤的甘美滋味。

☆ **品饮**

干茶呈甘浓香，冲泡后香气浓厚清长，呈纯和的弱果酸味道，回甘留香者为上选品。

白芽奇兰

成品特点

条索紧结，匀整美观，色泽青褐油润稍间蜜黄。

白芽奇兰茶树

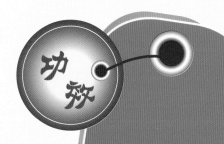

具有清热降火、减肥健美、提神益思、醒酒敌烟、防治龋齿、防治糖尿病、杀菌止痢等作用。

☆ 冲泡

取适量茶叶（一般为 8 克）放置壶中，用 100℃的沸水冲泡即可。冲泡出的汤色橙黄明亮，叶底软亮。

☆ 品饮

内质香气清高爽悦，品种香气突出，似兰香幽长，滋味醇爽。

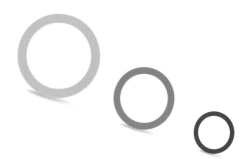

铁罗汉

成品特点

条形壮结、匀整，色泽绿褐鲜润，叶底软亮，叶缘朱红，叶心淡绿带黄。

☆ 冲泡

取 7～10g 的白茶投入壶中，用 90℃开水温润后用 100℃开水闷泡，45～60 秒就可出水品饮，这样可以品到清纯中带醇厚的品味。冲泡后汤呈深橙黄色，清澈艳丽。

☆ 品饮

滋味浓醇清甜、细腻、协调、丰富、浓饮而不苦涩，回味悠长，空杯留香，长而持久；汤进喉后，徐徐生津，细加品味，似嚼嚼有物，饮后神清气爽。

功效

有助于延缓衰老。铁罗汉多酚具有很强的抗氧化性和生理活性，是人体自由基的清除剂，具有阻断脂质过氧化反应、清除活性酶的作用。

铁罗汉泡制出的汤色

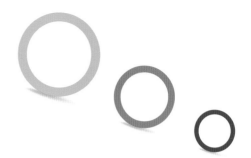

白鸡冠

成品特点

色泽米黄呈乳白，入口齿颊留香，神清目明，其功若神，人们称这种茶树为"白鸡冠"。

☆ **冲泡**

冲泡的温度应该控制在 80~90℃
之间，茶用量与自己使用的器皿比例相
符合，泡制出的汤色橙黄明亮。

☆ **品饮**

啜一口，更觉清凉甘美，连那茶秆
嚼起来也有一股香甜味。

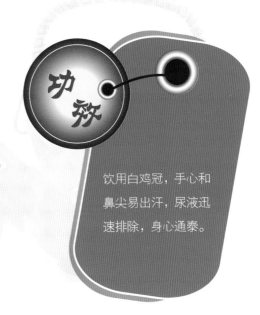

功效

饮用白鸡冠，手心和
鼻尖易出汗，尿液迅
速排除，身心通泰。

茶

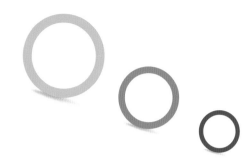

黄金桂

成品特点

条索紧细，色泽润亮金黄，叶底中央黄绿，边缘朱红，柔软明亮。

功效

具有解毒消食去油腻、美容减肥抗衰老等作用。

黄金桂泡制出的汤色

☆ **冲泡**

根据喝茶人数选定壶型，根据茶壶的容量确定茶叶的投放量。若茶叶是紧结半球型乌龙，茶叶需占到茶壶容积的 1/3 ~ 1/4；若茶叶较松散，则需占到壶的一半。由于乌龙茶黄金桂包含某些芳香物质需要在高温的条件下才能完全发挥出来，所以一定要用沸水来冲泡。泡制出的茶汤呈青黄色。

☆ **品饮**

香气优雅鲜爽，带桂花香型，滋味醇细甘鲜。

四、黄茶

君山银针

成品特点

成品茶按芽头肥瘦、曲直，色泽亮暗进行分级。以壮实挺直亮黄为上。优质茶芽头肥壮，紧实挺直，芽身金黄，满披银毫，实为黄茶之珍品。

☆ 冲泡

冲泡君山银针用的水以清澈的山泉为佳，茶具最好用透明的玻璃杯，并用玻璃片作盖。用茶匙轻轻从共罐中取出君山银针约 3 克，放入茶杯待泡。用水壶将 70℃左右的开水，先快后慢冲入盛茶的杯子，至 1/2 处，使茶芽湿透。稍后，再冲至七八分满为止；约 5 分钟后，去掉玻璃盖片。冲泡出的汤色橙黄明净。

☆ 品饮

香气清纯，叶底嫩黄匀亮。

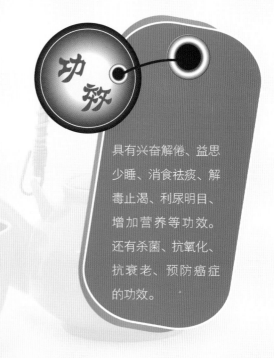

功效

具有兴奋解倦、益思少睡、消食祛痰、解毒止渴、利尿明目、增加营养等功效。还有杀菌、抗氧化、抗衰老、预防癌症的功效。

君山

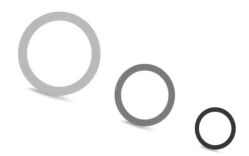

霍山黄芽

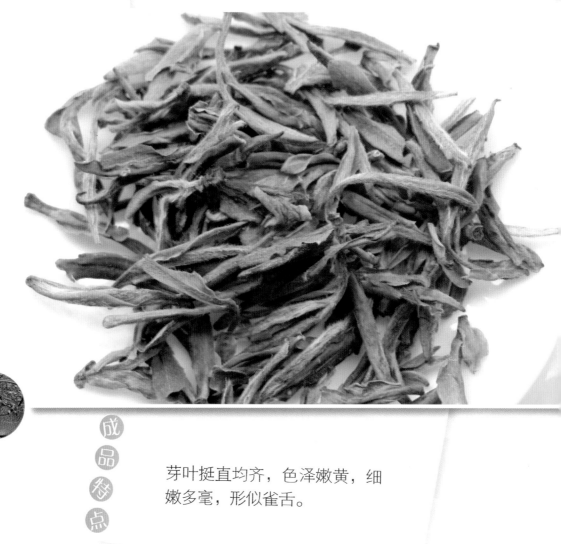

成品特点

芽叶挺直均齐，色泽嫩黄，细嫩多毫，形似雀舌。

霍山黄芽主要产地——大别山

功效

黄芽为不发酵自然茶，保留了鲜叶中的天然物质，可以抑制细胞对低密度脂蛋白胆固醇的摄取，从而达到预防高血脂和缓解动脉硬化的目的。

☆ **冲泡**

茶与水的用量比例适中，泡出来的茶就清香宜人。冲泡黄芽，茶叶与水的比例大致为1：50，即每杯投茶叶2克左右，冲水100毫升。冲泡后汤色黄绿，清明，带黄圈。

☆ **品饮**

香气鲜爽清高，叶底黄亮，嫩匀厚实，滋味浓厚鲜醇，甜和清爽，有熟板栗香，饮后有清香满口之感。

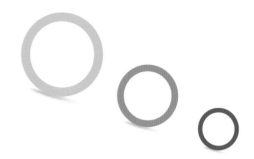

温州黄汤

成品特点

细紧纤秀，色泽黄绿披毫。温州黄汤的外形因种类不同，差异很大，容易混淆不清。有的像白茶类的白毫银针，有的像绿茶类，有的像毛峰。但总的来说，虽然形状各异，其色泽都有所偏黄。

功效

富含茶多酚、氨基酸、可溶糖、维生素等丰富营养物质，对防治食道癌有明显功效。

☆ 冲泡

冲泡温州黄汤，茶叶与水的比例大致为1：50，即每杯投茶叶2克左右，冲水100毫升。水的温度控制在80～90℃之间。

☆ 品饮

温州黄汤滋味与绿茶、青茶也不同，滋味醇厚甜爽，别有风味，精品细寻，就能识别。

温州雁荡山

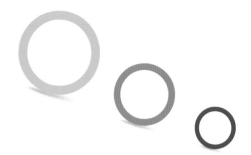

成品特点

芽条匀整，扁平挺直，色泽黄润，全毫显露，叶底全芽嫩黄。

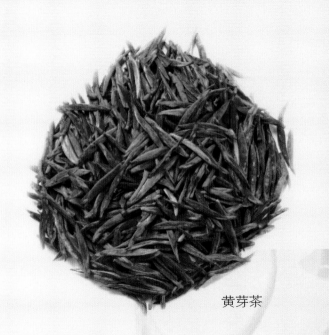

黄芽茶

☆ **冲泡**

用茶匙轻轻从共罐中取出蒙顶黄芽约 3 克，放入茶杯待泡。用水壶将 70℃左右的开水，先快后慢冲入盛茶的杯子，至 1/2 处，使茶芽湿透。稍后，再冲至七八分满为止。约 5 分钟后即可，冲泡的汤色黄绿、清澈明亮。

☆ **品饮**

清香持久，滋味鲜醇浓厚、回甘。

黄芽茶泡制出的汤色

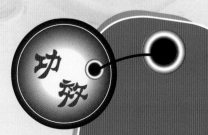

功效

鲜叶中天然物质保留有 85% 以上，而这些物质对防癌、抗癌、杀菌、消炎均有特殊效果，为其他茶叶所不及。

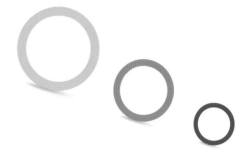

鹿苑茶

成品特点

色泽谷黄，白毫满披，条索环状，叶底嫩黄匀整、纯净。

鹿苑茶泡制出的汤色

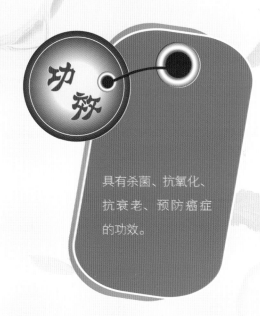

具有杀菌、抗氧化、抗衰老、预防癌症的功效。

☆ **冲泡**

水的温度应该控制在 80~90℃之间，冲泡鹿苑毛尖，第一杯当倒掉，喝第二杯、第三杯时，其香味即沁人心脾。泡制出的汤色绿黄明亮。

☆ **品饮**

兰草香味持久，滋味醇厚甘凉。

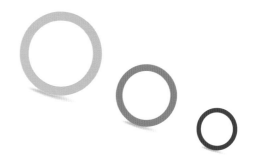

莫干黄芽

成品卖点

芽叶完整，净度良好，外形紧细成条似莲心，芽叶肥壮显茸毫，色泽黄嫩油润。

午后茶品

黄茶是沤茶，在沤的过程中，会产生大量的消化酶，对脾胃最有好处，消化不良、食欲不振、懒动肥胖都可饮之。

☆ **冲泡**

茶与水的比例大概是 1：50～1：60，水温大概是 80～90℃，冲泡的茶具首选紫砂壶，次之白瓷、玻璃杯等，冲泡出的汤色橙黄明亮。

☆ **品饮**

香气清鲜，滋味醇爽。

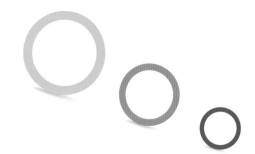

沩山毛尖

成品特点

色泽黄亮油润，白毫显露，叶底黄亮嫩匀。颇受边疆人民喜爱，被视为礼茶之珍品。

沩山毛尖泡制出的汤色

功效

具有美白的功效。毛尖含有的维生素 C 有美白的作用，类黄酮则能增加维生素 C 的抗氧化能力。

☆ **冲泡**

水温控制在 70～80℃ 之间，一般在泡制时先倒水后投茶，冲泡出的汤色橙黄透亮。

☆ **品饮**

松烟香气芬芳浓郁，滋味醇甜爽口。

北港毛尖

成
品
特
点

芽壮叶肥，毫尖显露，呈金黄色。

邕湖茶

功效

☆ 冲泡

冲泡的水温应该控制在80~90℃之间，最好选用山泉水或者是汇集的山水，茶的投放量按1：50的比例。泡制出的汤色橙黄。

☆ 品饮

香气清高，滋味醇厚。

具有生津解渴、清心明目、提神醒脑、去腻消食、抑制动脉粥样硬化以及防癌、防治坏血病和护御放射性元素等多种功效。

五、白茶

白毫银针

成品特点

芽头肥壮，状如针，色如银。由于加工时未经揉捻，故茶汁不易浸出，一般需用沸水冲泡 10 分钟始可饮用。

白茶泡制出的汤色

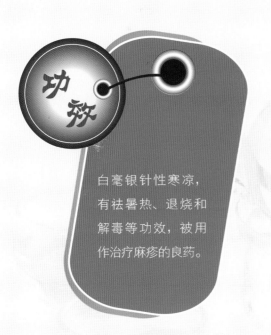

白毫银针性寒凉，有祛暑热、退烧和解毒等功效，被用作治疗麻疹的良药。

☆ 冲泡

一般每 3 克银针置沸水烫过的无色无花透明玻璃杯中，冲入 200 毫升 70~75℃开水，约 10 分钟后茶汤泛黄即可取饮。冲泡出的汤色呈淡杏黄。

☆ 品饮

品尝泡饮，别有风味。品选银针，寸许芽心，银光闪烁；冲泡杯中，条条挺立，如陈枪列戟；微吹饮啜，升降浮游，观赏品饮，别有情趣。

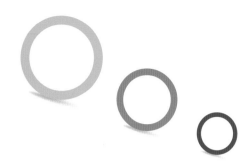

白牡丹

叶张肥嫩，叶态伸展，毫心
肥壮，色泽灰绿，毫色银白。

功效

白牡丹花

有润肺清热的功效，常当药用。

☆ **冲泡**

水温一般掌握在 80~85℃为宜。一般泡茶选用纯净水或过滤水为好，不适合使用矿泉水或矿物质水，矿泉水或矿物质水中的矿物质粉味会影响茶汤的味道，投茶量可以根据个人口味来定。冲泡出的汤色杏黄明净。

☆ **品饮**

毫香浓显，清鲜醇正，滋味醇厚清甜。

页眉

成品特点

毫心明显，茸毫色白且多，干茶色泽翠绿，叶底匀整、柔软、鲜亮，叶片迎光看去，可透视出主脉的红色。

贡眉泡制出的汤色

功效

☆ **冲泡**

冲泡贡眉选用境内黄浦江源头水是最佳选择。由于贡眉原料细嫩，叶张较薄，所以冲泡时水温不宜太高，一般掌握在 80~85℃为宜。冲泡贡眉选用透明玻璃杯或透明玻璃盖碗。冲泡后汤色呈橙色或深黄色。

☆ **品饮**

品饮时感觉滋味醇爽，香气鲜纯。

贡眉茶功效如同犀牛角，有清凉解毒、明目降火的奇效，可治"大火症"。

六、黑茶

云南普洱茶

成品特点

干茶陈香显露，无异杂味，色泽棕褐或褐红，具油润光泽，褐中泛红（俗称红熟），条索肥壮，断碎茶少。

☆ 冲泡

将普洱茶叶置入滤杯中，约10克。将才煮开的沸水注入滤杯中，盖没茶叶。片刻，拿出滤杯，弃去第一道茶水。再次注入沸水，盖没茶叶，盖上杯盖，静置20秒左右。打开杯盖倒置，取出滤杯，稍稍滴去茶汁，置于杯盖内即可。泡出的茶汤红浓明亮，具"金圈"，汤上面看起来有油珠形的膜。

☆ 品饮

热嗅陈香显著浓郁纯正，"气感"较强，冷嗅陈香悠长，是一种干爽的味道。

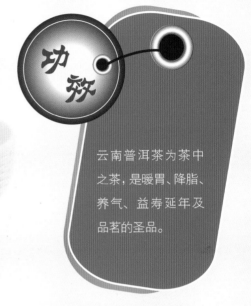

功效

云南普洱茶为茶中之茶，是暖胃、降脂、养气、益寿延年及品茗的圣品。

普洱茶泡制出的汤色

六堡茶

成品特点

条索紧结、色泽黑褐，有光泽，叶底红褐或黑褐色，简而言之具有"红、浓、醇、陈"等特点。

六堡茶泡制出的汤色

功效

具有清热利湿、散瘀通脉、理气止痛、消脂降压、降糖安神等作用。

用玻璃杯泡制出的茶色

☆ **冲泡**

在六堡茶的故乡，饮时是把六堡茶放在瓦锅中，加入山泉水，明火煮沸后，稍置放，待微温饮用，倍感味甘醇香，汤色红浓明亮。因此冲泡六堡茶的水温应该在 100℃ 左右，这样才能充分泡制出它的味道。

☆ **品饮**

香气纯陈，滋味浓醇甘爽，显槟榔香味。

湖南黑茶

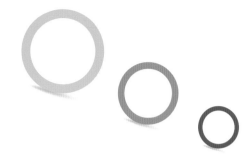

成品特点

条索紧卷、圆直，叶质较嫩，
色泽黑润，叶底黄褐。

功效

改善糖类代谢，降血糖，防治糖尿病。

黑茶泡制出的汤色

☆ 冲泡

冲泡黑茶宜选择粗犷、大气的茶具。一般用厚壁紫陶壶或如意杯冲泡；公道杯和品茗杯则以透明玻璃杯为佳，便于观赏汤色。泡茶用水一般以泉水、井水、矿泉水、纯净水为佳。水温一般用 100℃沸水冲泡。也可用沸水润茶后，再用冷水煮沸。汤色橙黄。

☆ 品饮

香味醇厚，带松烟香，无粗涩味。

黑砖

普洱散茶

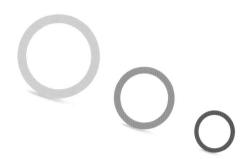

成品特点

外形肥嫩紧结、匀整、显毫丰富，色泽浓醇，滋味醇厚，叶底褐红肥嫩、略泛油光，是高等级熟茶工艺比较好的表现。

普洱茶汤

功效

防癌、抗癌。科学家通过大量的人群比较，证明饮茶人群的癌症发病率较低。而普洱茶含有多种丰富的抗癌微量元素，普洱散茶杀癌细胞的作用更明显。

☆ **冲泡**

用 100℃ 的水进行冲泡，投茶量根据自己口味，可选择透明的玻璃杯，便于观察汤色，冲泡出的汤色深红。

☆ **品饮**

香气浓郁，滋味醇和、浑厚。

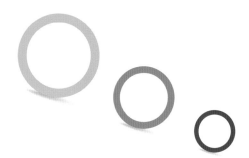

四川边茶

成品特点

茶叶质感粗老，且含有部分茶梗，叶张卷折成条，色泽棕褐有如猪肝色。

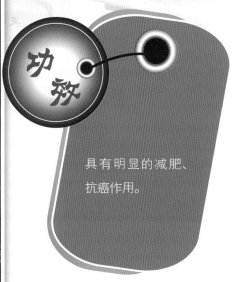

功效

具有明显的减肥、抗癌作用。

四川边茶泡制出的汤色

☆ 冲泡

黑茶属后发酵茶类，用高水温冲泡。虽比较温和耐浸，但亦忌长时间浸泡，否则苦涩味重。水温为 100℃，闷制时间约 10～30 秒，冲泡次数约 10 次，冲泡出的汤色明亮。

☆ 品饮

内质香气纯正，有老茶的香气，滋味平和。

七、花茶

成品特点

条索紧细，色泽乌润。

茉莉花茶泡制出的汤色

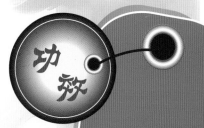

☆ 冲泡

特种茉莉花茶的冲泡宜用玻璃杯，水温 80～90℃为宜。通常茶水的比例为 1:50，每泡冲泡时间为 3～5 分钟。

☆ 品饮

香气鲜灵，滋味醇爽。在品其香气和滋味的同时可欣赏其在杯中优美的舞姿。

功效

具有松弛神经的功效，因而想消除紧张情绪的人不妨来一杯茉莉花茶，在获得幸福感的同时，也有助于保持稳定的情绪。

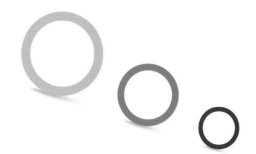

碧潭飘雪

成品特点

形如秀柳，色泽青绿，汤色黄
亮清澈。

峨眉山

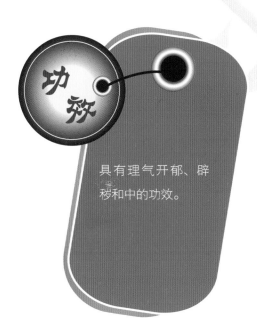

具有理气开郁、辟
秽和中的功效。

☆ **冲泡**

水温控制在 80~90℃为佳，选用盖
碗泡饮，可看到就像碧潭上飘了一层雪，
极为赏心悦目。

☆ **品饮**

清香浓郁，回味悠长。

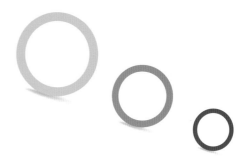

玫瑰花茶

成

品

特

点

椭圆形或倒卵圆形，上面有皱纹，夏季开花，花单生，紫红色至白色，有浓郁芳香，花及根可入药。

玫瑰茶饮

☆ **冲泡**

可以用瓷器、陶器，也可以用玻璃的茶具。水要质地好，矿泉水、纯净水或者山泉水比较好。玫瑰花茶不宜用温度太高的水来洗，一般用放置了一会儿的开水冲洗比较好，因为里面的茶叶是绿茶，绿茶出茶快，所以冲洗要比较快速。

☆ **品饮**

热饮时花的香味浓郁，沁人心脾。

功效

性温和，常饮可以降火气，调理血气，促进血液循环，养颜美容；还可以保护肝脏、胃、肠功能。

白兰花茶

成
品
特
点

条索紧结重实，色泽墨绿尚润，
叶底嫩匀明亮。

白兰花树

功效

具有美白皮肤、祛斑除皱的作用。

☆ **冲泡**

一般品饮花茶的茶具，选用的是白色的有盖瓷杯。用竹匙轻轻将花茶从贮茶罐中取出，按需分别置入茶盏。用量结合个人的口味按需增减。向茶盏冲入沸水，通常宜提高茶壶，使壶口沸水从高处落下，促使茶盏内茶叶滚动，以利浸泡。一般冲水至八分满为止，冲后立即加盖，以保茶香。冲泡出的汤色黄绿明亮。

白兰花茶泡制出的汤色

☆ **品饮**

香气清幽隽永，鲜浓持久，滋味浓厚尚醇。

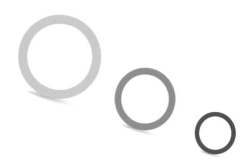

金银花茶

成品特点

条索紧细匀直，色泽灰绿光润，叶底嫩匀柔软。

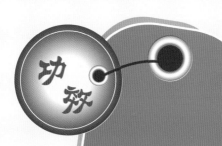

功效

有清热解毒、疏利咽喉、消暑除烦的作用，可治疗暑热症、泻痢、流感、疮疖肿毒、急慢性扁桃体炎、牙周炎等病。

☆ **冲泡**

冲泡时置杯于茶盘内，取金银花茶2~3克入杯。用初沸开水稍凉至90℃左右冲泡，随即加上杯盖，以防香气散失。冲泡出的汤色黄绿明亮。

☆ **品饮**

香气清醇隽永，滋味醇厚甘爽。

金银花树

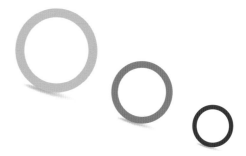

桂花茶

成品特点

条索紧细匀整，色泽墨绿油润，
花如叶里藏金，色泽金黄色，
叶底嫩黄明亮。

桂花

功效

具有温补阳气的功效，主治阳气虚弱型高血压病。症见眩晕、头晕、腰痛、畏寒肢冷、大便溏、小便清长、舌质淡、苔白、脉沉细。

☆ **冲泡**

用100℃的沸水冲泡，取桂花2~3克置于杯中，冲泡出的汤色绿黄明亮。

☆ **品饮**

香气浓郁持久，滋味醇香适口。

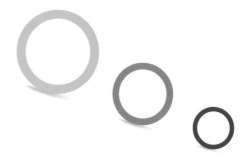

菊花茶

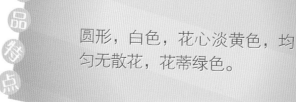

成品特点

圆形，白色，花心淡黄色，均匀无散花，花蒂绿色。

菊花

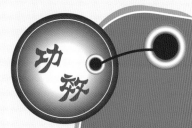

☆ 冲泡

泡饮菊花茶时，最好用透明的玻璃杯，每次放上四五粒，再用沸水冲泡2~3分钟即可。待水七八成热时，可看到茶水渐渐酿成微黄色。每次喝时，不要一次喝完，要留下 1/3 杯的茶水，再加上新茶水，泡上片刻，而后再喝。

☆ 品饮

气芳香，味甘苦，无杂质。

具有降血压、消除癌细胞、扩张冠状动脉和抑菌的作用，长期饮用能增加人体钙质、调节心肌功能、降低胆固醇。

第三章

器为茶之父——择具

　　茶具，古代亦称茶器或茗器。"茶具"一词最早在汉代已出现。
中国的茶具种类繁多，造型优美，除实用价值外，也有颇高的艺术价值，
因而驰名中外，为历代茶爱好者所青睐。由于制作材料和产地不同而
分为陶茶具、瓷茶具、金属茶具、漆器茶具、竹木茶具等几大类。

陶茶具

一、陶茶具

陶茶具是用黏土烧制的饮茶用具，还可再分为泥质和夹砂两大类。由于黏土所含各种金属氧化物的不同百分比，以及烧成环境与条件的差异，可呈红、褐、黑、白、灰、青、黄等不同颜色。陶器成型，最早用捏塑法，再用泥条盘筑法，特殊器形用模制法，后用轮制成型法。战国时期盛行彩绘陶，汉代创制铅釉陶，为唐代唐三彩的制作工艺打下基础。晋代杜育《荈赋》"器择陶拣，出自东瓯"，首次记载了陶茶具。至唐代，经陆羽倡导，茶具逐渐从酒食具中完全分离，形成独立系统。

《茶经》中记载的陶茶具有熟盂等。北宋时，江苏宜兴采用紫泥烧制成紫砂陶器，使陶茶具的发展走向高峰，成为中国茶具的主要品种之一。除江苏宜兴外，浙江的嵊州、长兴，河北的唐山等均盛产陶茶具。

紫砂茶具

　　陶器中的佼佼者首推江苏宜兴紫砂茶具，早在北宋初期就已经崛起，成为别树一帜的优秀茶具，明代大为流行。紫砂壶和一般陶器不同，其里外都不敷釉，采用当地的紫泥、红泥、团山泥团制焙烧而成。由于成陶火温较高，烧结密致，胎质细腻，既不渗漏，又有肉眼看不见的气孔，经久使用，还能吸附茶汁，蕴蓄茶味，且传热不快，不致烫手；若热天盛茶，不易酸馊，即使冷热剧变，也不会破裂；如有必要，甚至还可直接放在炉灶上煨炖。紫砂茶具还具有造型简练大方，色调淳朴古雅的特点，外形有似竹节、莲藕、松段和仿商周古铜器等形状的。《桃溪客语》说："阳羡（宜兴）瓷壶自明季始盛，上者与金玉等价。"可见其名贵。明文震亨《长物志》记载："壶以砂者为上，盖既不夺香，又无熟汤气。"

青玉竹节圆壶

　　宋以来，陶瓷茶具逐渐代替古老的金、银、玉制茶具，原因主要是唐宋时期，整个社会兴起一股不重金玉的风气。陶瓷茶具盛茶又能保持香气，所以容易推广，又受大众喜爱。这种从金属茶具到陶瓷茶具的变化，也从侧面反映出，自唐宋以来，人们的文化观、价值观，以及对生活用品实用性的取向有了转折性的改变。在很大程度上说，这是唐宋文化进步的象征。

　　唐宋以来，陶瓷茶具明显取代过去的金属、玉制茶具，这还与唐宋陶瓷工艺生产的发展直接有关。一般来说，我国魏晋南北朝时期瓷器生产开始出现飞跃发展，隋唐以来我国瓷器生产进入一个繁荣阶段。如唐代的瓷器制品已达到圆滑轻薄的程度，唐皮日休说道："邢客与越人，皆能造磁器，圆似月魂堕，轻如云魄起。"当时的"越人"多指浙江东部地区，越人造的磁器形如圆月，轻如浮云。因此还有"金陵碗，越瓷器"的美誉。王蜀写诗说："金陵含宝碗之光，秘色抱青瓷之响。"宋代的制瓷工艺技术更是独具风格，名窑辈出，如"定

内窑瓷器

州白窑"。宋世宗时有"柴窑",据说"柴窑"出的瓷器"颜色如天,其声如磬,精妙至极"。北宋政和年间,京都"自置窑"烧造瓷器,名为"官窑"。北宋南渡后,有邵成章设后苑,名为"邵局",并仿北宋遗法,置窑于修内司造青器,名为"内窑"。内窑瓷器"油色莹彻,为世所珍"。宋大观年间(1107~1110年)景德镇陶器色变如丹砂(红色),也是为了上贡的需要。大观年间朝廷贡瓷要求"端正合制,莹无瑕疵,色泽如一"。宋朝廷命汝州造"青窑器",其器用玛瑙细末为油,更是色泽洁莹。当时只有御贡宫廷多下来一点青窑器方可出卖,"世尤难得"。汝窑被视为宋代瓷窑之魁,史料说当时的茶盏,茶罂(茶瓶)价格昂贵到了"鬻(卖)诸富室,价与金玉等(同)",世人争为收藏。除上例之外,宋代还有不少民窑,如乌泥窑、余杭窑、续窑等生产的瓷器也非常精美可观。一言蔽之,唐宋陶瓷工艺的兴起是唐宋茶具改进与发展的根本原因。

明代嘉靖、万历年间,先后出现了两位卓越的紫砂工艺大师——龚春(供春)和他的徒弟时大彬。龚春幼年曾为进士吴颐山的书童,他天资聪慧,虚心好学,随主人陪读于宜兴金沙寺,闲时常帮寺里老和尚抟坯制壶。传说寺院里有银杏参天,盘根错节,树瘤多姿。他朝夕观赏,乃模拟树瘤,捏制树瘤壶,造型独特,生动异常。老和尚见了拍案叫绝,便把平生制壶技艺倾囊相授,使他最终成为著名制壶大师。供春的制品被称为"供春壶",造型新颖精巧,质地薄而坚实,被誉为"供春之壶,胜如金玉","栗色暗暗,如古金石;敦庞用心,怎称神明"。

茶

近年来，紫砂茶具有了更大发展，新品种不断涌现，如专为日本消费者设计的艺术茶具，称为"横把壶"，按照日本人的爱好，在壶面上倒写精美书法的佛经文字，成为日本消费者的品茗佳具。目前紫砂茶具品种已由原来的四五十种增加到六百多种。例如，紫砂双层保温杯，就是深受群众欢迎的新产品。由于紫砂泥质地细腻柔韧，可塑性强，渗透性好，所以烧成的双层保温杯，用以泡茶，具有色香味皆蕴，夏天不易变馊的特性。这种杯容量为250毫升，因是双层结构，开水入杯不烫手，传热慢，保温时间长。造型多种多样，有瓜轮形的、蝶纹形的，还有梅花形、鹅蛋形、流线形等。艺人们采用传统的篆刻手法，把绘画和正、草、隶、马、篆各种装饰手法施用在紫砂陶器上，使之成为观赏和实用巧妙结合的产品。

刻有梅花的紫砂壶

评价一套茶具，首先应考虑它的实用价值。一套茶具只有具备了容积和重量的比例恰当，壶把的提用方便，壶盖的周围合缝，壶嘴的出水流畅，色地和图案的脱俗和谐，整套茶具的美观和实用得到融洽的结合，才能算作一套完美的茶具。

瓷茶具

二、瓷茶具

瓷器是中国文明的一面旗帜，瓷器茶具与中国茶的匹配，让中国茶传播到全球各地。中国茶具最早以陶器为主。瓷器发明之后，陶质茶具就逐渐为瓷质茶具所代替。瓷器茶具又可分为青瓷茶具、白瓷茶具和黑瓷茶具等。

(1) 青瓷茶具

青瓷茶具在瓷器茶具中是出现得最早的品种，大约在东汉时，浙江的上虞地区已开始生产青瓷器，到了唐代，青瓷器无论是数量还是品质都达到了前所未有的高度。尤其是专供宫廷使用的秘色瓷器，即使是高官显贵也无缘一见，直到 1987 年陕西扶风县法门寺佛塔地宫出土了唐代供奉的宫廷御用茶具中的16 件秘色瓷茶具，才使秘色瓷之谜大白于天下。秘色瓷其实就是一种青瓷器。

青瓷茶具

青瓷茶具胎薄质坚，釉层饱满，有玉质感，多为素面，不重装饰，而重造型和釉色，其主要品种有壶、碗、碟等。

(2) 白瓷茶具

白瓷茶具是使用最为广泛的茶具。大约始于距今约一千二百余年的北朝晚期，到唐代，白瓷制品已具有很高的艺术水准。当时四川大邑生产的白瓷茶碗，受到了诗人杜甫的热情赞誉："大邑烧瓷轻且坚，扣如哀玉锦城传。君家白碗胜霜雪，急送茅斋也可怜。"河北邢窑生产的白瓷茶具，茶圣陆羽夸其"类银"、"类雪"。自景德镇成为全国的瓷业中心以后，那里生产的白瓷茶具，胎质洁白，质地坚密，釉色光莹如玉，被人们称为"假白玉"。

宋代人们崇尚白茶，为了衬托茶汤，流行使用黑瓷茶碗。进入明代，改饮与现代炒青相似的散茶，不再强调茶汤与茶具颜色的对比，使得白瓷茶具再次兴起。同时散茶冲泡比较简便，茶具的种类大为减少，人们便在种类不多的茶具，主要是壶、碗、盏、罐的造型、图案、纹饰上下工夫，使得白瓷茶具的造型千姿百态，图案纹饰美不胜收。

黑瓷茶具

(3) 黑瓷茶具

采用黑釉烧制，在宋代盛极一时，目前在北方农村还可偶尔看到。宋代崇尚白茶，为了衬托茶汤，要用黑瓷茶盏。那时还流行一种旨在比赛茶品优劣的"斗茶"活动。比斗时，一看茶面汤花色泽和均匀度，以"鲜白"为先，二看汤花与茶盏相接处的水痕，"茶色白，入黑盏，其痕易验"，故而纷纷采用黑瓷茶具。代表性的作品是黑釉上有白色细条纹的"兔毫盏"。黑瓷茶具胎体较厚，釉色黑亮，造型古拙，风格独特。

(4) 青花瓷茶具

青花瓷是用氧化钴为着色剂，在器物的瓷胎上绘制图案纹饰，再涂上透明釉，经高温烧制后呈现蓝色图案纹饰的一种瓷器，成品蓝白相间，淡雅宜人，华而不艳，令人赏心悦目。

青花瓷茶具的问世较白瓷晚，它出现于唐代，后经不断发展，至元、明、清达到鼎盛期，并成为那一时期茶具的主流品种。其时景德镇生产的青花瓷茶具，无论是胎质、釉色，还是造型、纹饰都堪称完美，独领风骚。由于青花瓷将中国传统的绘画技艺运用到了制作之中，而被称为"无声诗入瓷之始"。

青花瓷茶具的品种主要有茶壶、茶碗、茶罐等。

三、玉石茶具

玉石是自然界中颜色美观、质地细腻坚韧、光泽柔润，由单一矿物或多种矿物组成的岩石，如绿松石、芙蓉石、青金石、欧泊、玛瑙、玉髓、石英岩等。狭义专指硬玉（翡翠）和软玉（如和田玉、南阳玉等），或简称玉。中国是世界上用玉最早的国家，已有七千多年的历史。玉是矿石中比较高贵的一种。中国古人视玉为圣洁之物，认为玉是光荣和幸福的化身，是权力、地位、吉祥、刚毅和仁慈的象征。一些外国学者也把玉作为中国的"国石"。

玉石的形成条件是极其特殊复杂的。它们大多来自地下几十公里深处的高温熔化的岩浆，这些高温的浆体从地下沿着裂缝涌到地球表面，冷却后成为坚硬的石头。在此过程中，只有某些元素缓慢地结晶成坚硬的玉石或宝石，且它们的形成时代距离我们非常遥远。

玉盖碗茶具

中国最著名的玉石是新疆和田玉，它和河南独山玉、辽宁的岫岩玉和湖北的绿松石，称为中国四大玉石。

距今约八千年（新石器时代早期），是全世界到目前为止所知道的最早的使用玉器的时间。传说远古时代黄帝分封诸侯的时候，就以玉作为他们享有权力的标志，以后，许多帝玉的"传国玺"也都是玉做的。商朝就已经使用墨玉牙璋来传达国王的命令，在有文字记载的周朝（公元前11世纪至公元前256年）已开始用玉作工具。

宋元以后，社会出现了规模可观的玉雕市场和官办玉肆，开后代世俗陈设玩赏玉之先。明清时期，玉雕艺术走向了新的高峰。玉器遍及生活的方方面面。工艺性、装饰性大增，玉雕小至寸许，大至万斤。鬼斧神工的琢玉技巧发挥到极致，山水林壑集于一处且利用玉皮俏色巧琢，匠心独运，集历代玉雕之大成。

明朝万历年间，神宗皇帝来到梵净山后，把玉石雕刻成为佛像供奉在皇宫，并制作成茶具、酒具，奖赏给有功的大臣。

玉石是一种纯天然环保的材质，自古以来都是高档茶具的首选材料。玉石茶具一般都精雕细琢，赋石头以灵性，与茗茶并容，每一款茶具都独具匠心，美观大方，极富个性。且石质茶盘具有遇冷遇热不干裂、不变形、不退色、不吸色、不粘茶垢、易清洗等优点。正是茗茶润玉，传世收藏。

而玉石之美在于它的细腻、温润、含蓄幽雅。玉的颜色有草绿、葱绿、墨绿、灰白、乳白色，色调深沉柔和，配以香茗，形成一种特有的温润光滑的色彩。

玉石富含人体所需的钠、钙、锌等三十余种微量元素，用玉石制成茶具来饮茶，对人体具有一定的保健美容作用。同时它具有超凡脱俗、催人振奋之灵气。

显而易见，石质茶盘，乃茶用具之佳品，玉石茶具富有中国传统文化内涵，体现中国茶文化之独特，其不但是一件茶具，更是一件工艺品。

四、金属茶具

　　历史上有金、银、铜、锡等金属制作的茶具。　金属茶具因造价昂贵，一般百姓无缘使用。1987 年 5 月我国在陕西省扶风县皇家佛教寺院法门寺的地宫中，　发掘出大批唐朝宫廷文物，内有银质鎏金烹茶用具，计有 11 种 12 件。这种茶具虽有实用价值，但更具工艺品的功用。

金属茶具

不锈钢茶具

历史上还有用金、银、铜、锡等金属制作的茶具。尤其是锡作为贮茶器具材料有较大的优越性。锡罐多制成小口长颈，盖为筒状，比较密封，因此对防潮、防氧化、防光、防异味都有较好的效果。唐时皇宫饮用顾渚茶、金沙泉，便以银瓶盛水，直送长安，主要因其不易破碎，但造价较昂贵，一般老百姓使用不起。

对于金属作为泡茶用具，一般行家评价并不高，如明朝张谦德所著《茶经》，就把瓷茶壶列为上等，金、银壶列为次等，铜、锡壶则属下等，为斗茶行家所不屑采用。到了现代，金属茶具已基本上销声匿迹。

茶与漆器

五、漆器茶具

　　漆器的历史十分悠久，距今约七千年的新石器时代的河姆渡文化遗址中，就发现了木胎漆碗；而长沙马王堆西汉墓出土的漆器，制作工艺已达到了很高的水准，至今色彩鲜艳，光亮如新。用脱胎漆器作为茶具，大约始于清代。

　　漆器茶具主要产于福建的福州一带。通常由一把茶壶、四只茶杯和一只茶盘组成，壶、杯、盘同色，多为黑色，亦有黄棕、深绿、棕红等，外表镶金嵌银，描龙画凤，光彩照人。

　　漆器茶具质轻且坚，传热慢，热量不易散失，且耐酸碱腐蚀，既具有实用价值，又有很高的艺术价值，故常被人们作为艺术品陈设于厅堂，而增添艺术氛围。

六、竹木茶具

　　我国的茶具，种类繁多，又富艺术之美，又不失实用价值，所以，驰名中外，为历代饮茶爱好者所青睐。在中国饮茶的发展史上，无论是饮茶习俗，还是茶类加工，都经历了许多变化。作为饮茶用的专用工具，必然也有一个发展和变化的过程，中国茶具的发展在中国茶文化中占很重要的地位。

　　在历史上，广大农村包括茶区，很多人使用竹或木碗泡茶。它价廉物美，经济实惠，但现代已很少使用。我国南方，如海南等地有用椰壳制作的壶、碗来泡茶的，经济实用，又具有艺术性。用木罐、竹罐装茶，则仍然随处可见。特别是福建省武夷山等地的乌龙茶木盒，在盒上绘制山水图案，制作精细，别具一格。作为艺术品的黄阳木罐、二簧竹片茶罐，也是馈赠亲友的珍品，且有实用价值。

竹木茶具

茶勺

隋唐以前，我国饮茶虽渐次推广开来，但属粗放饮茶。当时的饮茶器具，除陶瓷器外，民间多用竹木制作而成。陆羽在《茶经·四之器》中开列的28种茶具，多数是用竹木制作的。这种茶具，来源广，制作方便，对茶无污染，对人体又无害。

因此，自古至今，竹木茶具一直受到茶人的欢迎。但缺点是不能长时间使用，无法长久保存，失去文物价值。只是到了清代，在四川出现了一种竹编茶具，它既是一种工艺品，又富有实用价值，主要品种有茶杯、茶盅、茶托、茶壶、茶盘等，多为成套制作。

竹编茶具由内胎和外套组成，内胎多为陶瓷类饮茶器具，外套用精选慈竹，经劈、启、揉、匀等多道工序，制成粗细如发的柔软竹丝，经烤色、染色，再按茶具内胎形状、大小编织嵌合，使之成为整体如一的茶具。

这种茶具，不但色调和谐，美观大方，而且能保护内胎，减少损坏；同时，泡茶后不易烫手，并富含艺术欣赏价值。因此，多数人购置竹编茶具，不在其实用，而重在摆设和收藏。

第四章

水是茶之母——选水

当沏茶的水的酸碱度 pH 值大于 5 时，会形成茶红素盐，使茶水颜色变深发暗，甚至使茶水丧失鲜爽感。井水中一般溶解的盐类较多，水质硬，故不宜沏茶。河水碱性较小，泉水碱性最小，因此泉水沏茶最好。

雨水

雪水

一、天泉

天泉是指雨水和雪水。

雨水：明代文人讲究用天水，他们对于春、夏、秋、冬四季的天泉，有不同的评价。秋天的雨水烹茶最好，其次是梅雨季节的雨水，再次是春雨，而夏季多暴雨，水质最差，不主张用来烹茶。收集雨水时必须用干净的白布，在天井中央受雨水。至于从房檐流下的雨水，不能用。

雪水："瑞雪丰年"，古人认为雪水是五谷的精华，用来烹茶最雅。唐代诗人白居易有诗云"闲尝雪水茶"。用雪水泡茶，一向就被重视。如唐代大诗人白居易《晚起》诗中的"融雪煎香茗"，宋代著名词人辛弃疾《六幺令》词中的"细写茶经煮香雪"，还有元代诗人谢宗可《雪煎茶》诗中的"夜扫寒英煮绿尘"，都是描写用雪水泡茶。清代曹雪芹的《红楼梦》"贾宝玉品茶栊翠庵"一回中，更描绘得有声有色：当妙玉约宝钗、黛玉去吃"体己茶"时，黛玉问妙玉："这也是旧年的雨水？"妙玉回答："这是……收的梅花上的雪……

山间泉水

山泉水

隔年蠲的雨水，那有这样清淳？"雨水一般比较洁净，但因季节不同而有很大差异。秋季，天高气爽，尘埃较少，雨水清洌，泡茶滋味爽口回甘；梅雨季节，和风细雨，有利于微生物滋长，泡茶品质较次；夏季雷阵雨，常伴飞沙走石，水质不净，泡茶茶汤浑浊，不宜饮用。

二、地泉

天泉是天上之水，地泉自然就是地上的泉水了。

地下水的天然露头，人们称之为泉。泉是大自然赐给人类的一种宝贵水资源。它不仅给人类提供了理想的水源，同时还以独特的形貌声色美化着大地，美化着人类的生活。华夏民族在对泉水的开发利用与认知的过程中，逐渐形成了一种独特的"泉文化"，包括对泉的开发、利用、保护、崇拜、观赏和讴歌赞美等内容，成为中华水文化的重要组成部分。

华夏神州，泉流众多。据粗略统计，较大的泉流就有十万多处，其中水质好、水量大或以奇水怪泉而闻名的所谓"名泉"有百余处之多。

名泉泡名茶，相得益彰，自古为茶人追崇之道。茶圣陆羽一生对泡茶之水作过仔细的研究和比较，为天下山水二十泉排定座次。

茶

自然泉水

择水先择源，只有符合"源、活、甘、清、轻"五个标准的水才算得上是好水。所谓的"源"是指水出自何处，"活"是指有源头而常流动的水，"甘"是指水略有甘味，"清"是指水质洁净清澈，"轻"是指分量轻。所以水源中以泉水为佳，因为泉水大多出自岩石重叠的山峦，污染少，山上植被茂盛，从山岩断层涓涓细流汇集而成的泉水富含各种对人体有益的微量元素，经过沙石过滤，清澈晶莹，茶的色、香、味可以得到最大的发挥。

古人陆羽有"山水上、江水中、井水下"的用水主张，当代科学试验也证明泉水第一，深井水第二，蒸馏水第三，经人工净化的湖水和江河水，即平常使用的自来水最差。但是慎用水者提出，泉水虽有"泉从石出，清宜冽"之说，但泉水在地层里的渗透过程中融入了较多的矿物质，它的含盐量和硬度等就有较大差异，如渗有硫磺的矿泉水就不能饮用，所以只有含有二氧化碳和氧的泉水才最适宜煮茶。

清代乾隆皇帝游历南北名山大川之后，按水的比重定京西玉泉为"天下第一泉"。玉泉山水不仅水质好，还因为当时京师多苦水，宫廷用水每年取自玉泉，加之玉泉山景色幽静佳丽，泉水从高处喷出，琼浆倒倾，如老龙喷射，碧水清澄如玉，故有此殊荣。

看来好水除了要品质高外，还与茶人的审美情趣有很大的关系。对于"天下第一泉"的美名，历代都有争执，有扬子江南零水、江西庐山谷帘水、云南安宁碧玉泉、济南趵突泉、峨眉山玉液泉多处。泉水所处之地，有的江水浩荡，山寺悠远，景色亮丽；有的一泓碧水，涧谷喷涌，碧波清澈，奇石沉水。再加之名士墨客的溢美之词，水质清冷香洌，柔甘净洁，确也符合此美名。民间所传的"龙井茶、虎跑水"，"扬子江心水，蒙顶山上茶"，真可谓名水伴名茶，相得益彰。

茶重洁性，泉贵清纯，都是人们所追求的品位。人与大自然有割舍不断的缘分。茗家煮泉品茶所追求的是在宁静淡泊、淳朴率直中寻求高远的意境和"壶中真趣"，在淡中有浓、抱朴含真的泡茶过程中，无论对于茶与水，还是对于人和艺都是一种超凡的精神，是一种高层次的审美探求。

玉泉寺湖光山水图

镇江金山寺一角

三、中泠泉

中泠泉也叫中濡泉、南泠泉，位于江苏镇江金山寺西。唐宋之时，金山还是"江心一朵芙蓉"，中泠泉也在长江中。据记载，以前泉水在江中，江水来自西方，受到石牌山和鹘山的阻挡，水势曲折转流，分为三泠（三泠为南泠、中泠、北泠），而泉水就在中间一个水曲之下，故名"中泠泉"。因位置在金山的西南面，故又称"南泠泉"。因长江水深流急，汲取不易。据传打泉水需在正午之时将带盖的铜瓶子用绳子放入泉中后，迅速拉开盖子，才能汲到真正的泉水。南宋爱国诗人陆游曾到此，留下了"铜瓶愁汲中濡水，不见茶山九十翁"的诗句。

中泠泉　　　　　　　　　　　　　锡惠公园

中泠泉水宛如一条戏水白龙，自池底汹涌而出。"绿如翡翠，浓似琼浆"，泉水甘冽醇厚，特宜煎茶。唐陆羽品评天下泉水时，中泠泉名列全国第七，稍陆羽之后的后唐名士刘伯刍把宜茶的水分为七等，扬子江的中泠泉依其水味和煮茶味佳名列第一。用此泉沏茶，清香甘冽，相传有"盈杯不溢"之说，贮泉水于杯中，水虽高出杯口二三分都不溢，水面放上一枚硬币，不见沉底。从此中泠泉被誉为"天下第一泉"。

四、惠山泉

惠山泉又称陆子泉，是天下第二泉，相传经中国唐代陆羽品题而得名，经乾隆御封为"天下第二泉"，位于江苏省无锡市西郊惠山山麓锡惠公园内。

惠山泉名不虚传，泉水无色透明，含矿物质少，水质优良，甘美适口，系泉水之佼佼者。其原因是由于惠山夺石地层为乌桐石英沙岸村下水从地层中涌向地面时，水中杂质多数已在渗滤过程中除去。

阿炳

　　惠山泉不仅水甘美、茶情佳，而且还孕育了一位我国优秀的民间艺术家阿炳和蜚声海内外的名曲《二泉映月》。"鳌石封苔百尺深，试茶尝味少知音。惟余半夜泉中月，留照先生一片心。"宋代文人已经写出了钟情"半夜泉中月"的诗句。到了清朝光绪年间，无锡雷遵殿道观出了个小道士，名字叫阿炳，学名华彦钧。阿炳青年时双眼因目疾而先后失明。他从小就酷爱音乐，在其父道士华清和的传授下，二胡演奏技艺渐臻圆熟精深，最后达到高深造诣，以至无锡的人们誉他为"小天师"。他常在夜深人静之时，摸到惠山泉畔，聆听那叮咚泉声，手掬清凉的泉水，神接皎洁的月光，幻想着人间能有自由幸福的生活。他用二胡的音律抒发内心的忧愤和人间的疾苦，祈盼光明幸福的降临，作出了许多二胡演奏曲，其中以惠山泉为素材的名曲《二泉映月》

惠山

最脍炙人口。此曲节奏明快鲜明，旋律清越动人。二泉孕育的名曲《二泉映月》，它和名泉一样清新流畅，发人幽思，催人奋进。人们为纪念这位著名民间音乐艺术家，1984 年在二泉亭重建了华彦钧之墓。

二泉亭上有景徽堂，在此可品尝二泉水烹煮的香茗，并欣赏泉周围的美妙景致。从二泉亭北上有竹护山房、秋雨堂、隔红尘廊、云起楼等古建筑。听松堂也在二泉亭附近。亭内置一古铜色巨石，称为石床，光可鉴人，可以偃卧。石床一端镌刻"听松"二字，为唐代书法家李阳冰所书。皮日休在此听过松涛，留有诗句："殿前日暮高风起，松子声声打石床。"从二泉亭登山可达惠山山顶，纵眺太湖风景，历历在目。

龙井泉

五、龙井泉

　　龙井泉位于浙江杭州市西湖西面凤篁岭上，是一个裸露型岩溶泉。龙井泉本名龙泓，又名龙湫，是以泉名井，又以井名村。龙井村是世界上著名的西湖龙井茶的五大产地之一。而龙泓泉，历史悠久。龙井泉由于大旱不涸，古人以为与大海相通，有神龙潜居，所以名其为龙井。又被人们誉为"天下第三泉"。

　　龙井一带大片出露的石灰岩层都是向着龙井倾斜，这样的地质条件，给地下水顺层面裂隙源源不断地向龙井汇集创造了有利的因素。在地貌上，龙井恰好处于龙泓涧和九溪的分水岭垭口下方，又是地表水汇集的地方。龙井西面是高耸的棋盘山，集水面积比较大，而且地表植物繁茂，有利于拦蓄大气降水向地下渗透。这些下渗的地表水进入纵横交错的石灰岩岩溶裂隙中，

棋盘山

最终便沿着层面裂隙流下龙井，涌出地表。由于龙井泉水的
补给来源相当丰富，形成永不枯竭的清泉。

此处由于龙井泉水来源丰富，而且有一定的水头压力，
具有一定流速流入龙井，井池边形成一个负压区，原井池中
的水在满溢出前，先要向负压区汇聚，由于表面张力的作用，
负压区上方的水面前就微微高起，与负压区之间形成一个分
界，这就是奇特的龙井"分水线"，似把泉水"分"成两半，
雨后由于泉水补给量大，这种现象更加明显。

趵突泉

六、趵突泉

趵突泉位于济南市中心区，该泉位居济南七十二名泉之首，也是最早见于古代文献的济南名泉。趵突泉是泉城济南的象征与标志，与千佛山、大明湖并称为济南三大名胜。今日之趵突泉正越来越为世人所瞩目，有"游济南不游趵突，不成游也"的盛誉。

2002年，有专家根据河南安阳出土的甲骨文考证，趵突泉有文字记载的历史，可上溯至我国的商代，长达三千五百多年。趵突泉是古泺水之源，古时称"泺"，早在两千六百年前的编年史《春秋》上就有"鲁桓公会齐侯于泺"的记载。宋代曾巩任齐州知州时，在泉边建"泺源堂"，并写了一篇《齐

杜康泉

州二堂记》，正式赋予泺水以"趵突泉"的名称。该泉亦有"槛泉"、"娥英水"、"温泉"、"瀑流水"、"三股水"等名。

趵突泉水分三股，昼夜喷涌，水盛时高达数尺。所谓"趵突"，即跳跃奔突之意，反映了趵突泉三窟迸发、喷涌不息的特点。"趵突"不仅字面古雅，而且音义兼顾。不仅以"趵突"形容泉水"跳跃"之状、喷腾不息之势，同时又以"趵突"模拟泉水喷涌时"扑嘟""扑嘟"之声，可谓绝妙绝佳。北魏郦道元《水经注》载："泺水出历城县故城西南，泉源上奋，水涌若轮，霄涌三窟，突出雪涛数尺，声如隐雷。"金代诗人元好问描绘为"且向波间看玉塔"，元代著名画家、诗人赵孟頫在《趵突泉》诗中赞道："泺水发源天下无，平地涌出白玉壶"，清代诗人何绍基喻之为"万斛珠玑尽倒飞"，清朝刘鹗《老残游记》载："三股大泉，从池底冒出，翻上水面有二三尺高。"《历城县志》中对趵突泉的描绘最为详尽："平地泉源霄沸，三窟突起，雪涛数尺，声如隐雷，冬夏如一。"著名文学家蒲松龄则认为趵突泉是"海内之名泉第一，齐门之胜地无双"。

趵突泉周边的名胜古迹数不胜数，尤以泺源堂、娥英祠、望鹤亭、观澜亭、尚志堂、李清照纪念堂、沧园、白雪楼、万竹园、李苦禅纪念馆、王雪涛纪念馆等景点最为人称道。历代文化名人诸如曾巩、苏轼、元好问、赵孟頫、张养浩、王守仁、王士祯、蒲松龄、何绍基、郭沫若等，均对趵突泉及其周边的名胜古迹有所题咏，使趵突泉的文化底蕴更加深厚，成为著名的旅游胜地。

在趵突泉西侧，原为北宋熙宁年间史学家刘诏（官至寺丞）庭院内的建筑物，名"槛泉亭"。明天顺五年（1641年），钦差内监韦、吴二人来济，乃于泉旁构亭（另说为巡抚胡缵宗建），名为"观澜"，取《孟子·尽心上》"观水有术，必观其澜"之意。该亭原为四面长亭，半封闭式，形制考究，为历代文人称颂。

苏辙

黄山温泉

七、黄山温泉

黄山温泉自古以来就被人们看作是一股神秘之水，是非同凡响的一处名泉，与奇松、怪石、云海并称黄山四绝。经化验分析，黄山温泉含有不量的硅、钙、镁、钾、钠等对人体有益的氧化物，对治疗皮肤病、风湿病、肠胃病等确实有一定的疗效。黄山温泉的水质透明，洁净澄碧，其味甘美，可饮可浴。所以《图经》里这样说："黄山旧名黟山，东峰下有朱砂汤泉可点苦。"清朝王洪度所著《黄山领要录》中记载："天下腺不借硫而温者有三：骊山以矾石，安宁以碧玉，黄山以朱砂。"如今黄山温泉已得到充分利用，造福中外游人。

徐霞客雕像

　　黄山温泉虽然没有传说中的那样神奇，但它能为广大游客送来温暖，使你心旷神怡，精神为之一爽，而且能治一些疾病，这就胜似神奇传说中的功能妙用了。因此，黄山这处美妙的温泉，曾得到古今名人欣赏与赞美。如李白、贾岛、徐霞客、石涛等人都曾沐浴其间，并留下许多赞美诗词。唐代大诗人李白，在他《送温处士归黄山白鹅峰旧居》诗中写道："归休白鹅岭，渴饮丹砂井……"唐代诗人贾岛在《纪温泉》长诗中有"一濯三沐发，六凿还希夷。伐马返骨髓，发白令人黟"的名句。 明末文人吴士权描写黄山温泉为"清数毛发，香染兰芷，甘和沆瀣"。 宋代诗人朱彦，在他《游黄山》诗中高度评价说："三十六峰高插天，瑶台琼宇贮神仙。嵩阳若与黄山并，犹欠灵砂一道泉。"

第五章
茶之雅趣——学茶技

　　有了好茶还要掌握科学的冲泡方法，所以我们首先要了解一些基础的茶艺技能。茶艺为泡茶与饮茶的技艺。泡茶是指用开水将成品茶的内含化学物质浸出到茶汤中的过程，品尝是指赏形、闻香、观色、品味的过程。每种名茶都有自己独特的品质特征，所以我们需要根据茶的自身特点来进行冲泡和品饮。

投茶

一、投茶

投茶有序，毋失其宜。先茶后汤曰下投；汤半下茶，复以汤满，曰中投；先汤后茶曰上投。春秋中投，夏上投，冬下投。

茶多寡宜酌，不可过中失正。茶重则味苦香沉，水胜则色清气寡。（程用宾《茶录》）

投茶先后，一要考虑到季节变化，二要顾及到茶的细嫩程度，应时、应茶制宜。投茶量的多少，当然还得按照个人饮茶浓淡的习惯。

二、洗茶

凡烹茶，先以热汤洗茶叶，去其尘垢冷气，烹之则美。（钱椿年《茶谱》）

茶洗以银为主，制如碗式而底穿数孔，用洗茶叶。凡沙垢皆从孔中流出。亦烹试家不可缺者。（张谦德《茶经》）

岕茶摘自山麓，山多浮沙，随雨辄下，即着于叶中。烹时不洗去沙土，最能败茶。必先盥手令洁，次用半沸水，扇扬稍和，洗之。水不沸，则水气不尽，反能败茶，毋得过劳以损其力。沙土既去，急于手中挤令极干，另以深口瓷

洗茶

合贮之，抖散待用。洗必躬亲，非可摄代。凡汤之冷热，茶之燥湿，缓急之节，顿置之宜，以意消息，他人未必解事。（许次纾《茶疏》）

岕茶用热汤洗过挤干，沸汤烹点，缘其气厚。不洗则味色过浓，香亦不发耳。自采名茶，俱不必洗。（罗廪《茶解》）

先以上品泉水涤烹器，务鲜务洁。次以热水涤茶叶，水不可太滚，滚则一涤无余味矣。以竹箸夹茶于涤器中，反复涤荡，去尘土、黄叶、老梗净，以手搦干，置涤器内盖定，少刻开视，色青香烈，急取沸水泼之，夏则先贮水而后入茶，冬则先贮茶而后入水。（冯可宾《岕茶笺》）

许次纾、罗廪都是讲岕茶（明时产于浙江长兴罗嶰一带的名茶）冲泡时，要洗茶，余则不必洗。而钱椿年主张"凡烹茶，先以热汤洗茶叶"，张谦德还设计出一种洗茶的专用工具。如今，乌龙茶在冲泡时一般都经洗茶，余则不多见。其实，如不嫌麻烦，不妨洗一洗，只是洗时一定要用热水，而不要

茶艺馆

用沸水。因沸水洗茶会散逸和流失茶的香气滋味，殊为可惜。目前一般人冲泡乌龙茶时往往不注意这一点，便是未领悟其中之理。

先握茶手中，俟汤既入壶，随手投茶，以盖覆定。三呼吸时，次满倾盂内，重投壶内，用以动荡香韵，兼色不沉滞，更三呼吸顷，以定其浮薄。然后泻以供客。则乳嫩清滑，馥郁鼻端。病可令起，疲可令爽，吟坛发其逸想，谈席涤其玄衿。（许次纾《茶疏》）

赶汤沸始止之候，先注壶与瓯，将汤倾出，消其冷气，始以茶纳壶中，乃以汤注壶内，复以汤浇壶外，使热气内蕴而不散。于是提壶注茶于瓯，则真茶之色香味溢于瓯中，唯壶内之茶须斟竭勿留，乃能再泡，至三过汤，则茶

之元味尽矣。故壶宜小不宜大也。若汤留壶内，则浸出茶胶，味涩不宜供饮。
（朱权《茶谱》）

　　许次纾所说，是两次冲泡法。第一次是以少许汤入壶，随手投茶，也可以是先投茶，再冲少许汤，此为温润泡；第二次是满冲，而且要"重投壶内"，即要高冲，增强水的冲击力，"以动荡香韵，兼色不沉滞"。此即为泡茶的要诀"高冲低斟"。沸水入壶时，水柱要升高，而壶内茶斟到杯里时，水柱要降低。时下，在茶艺馆所见则往往相反，该高冲时，由于技法所限而手提不高，应低斟时，却把水柱拉得很高。殊不知已沥泡成的茶汤，在"高斟"时会白白地把香气散逸掉。

　　王象晋所述点茗法，与如今乌龙茶泡法相同。其特点：一是投茶前先温壶，二是注水后要淋壶，三是斟茶须尽勿剩留。

用瓷杯冲泡细嫩的茶

三、老茶壶泡和嫩茶杯泡

这里说的是比较粗老的茶叶，需用有盖的瓷壶或紫砂茶壶泡茶；而对一些较为细嫩的茶叶，适用无盖的玻璃杯或瓷杯冲泡。这是因为，对一些原料较为粗老的鲜叶加工而成的中、低档大宗红、绿茶，以及乌龙茶、普洱茶等特种茶来说，因茶较粗大，处于老化状态，茶纤维含量高，茶汁不易浸出，所以泡茶用水需要有较高的温度，才能出味。而乌龙茶，由于茶类采制的需要，采摘的原料新梢，已处于半成熟状态，冲泡时，就既要有较高的水温，又要在一定时间内保持水的温度，只有这样，才能透香出味。

所以这些茶一般选用茶壶冲泡，这样不但保温性能好，而且热量不易散失，保温时间长。倘若用茶壶去冲泡原料较为细嫩的名优茶，因茶壶用水量大，水温不易下降，会"焖熟"茶叶，使茶的汤色变深，叶底变黄，香气变钝，滋味失去鲜爽，产生"熟汤"味。如改用无盖的玻璃杯或瓷杯冲泡细嫩名优茶，既可避免对观赏细嫩名优茶的色、香、味带来的负面效应，又可使细嫩名优茶的风味得到应有的发挥。

对一些中、低档茶和乌龙茶、普洱茶而言，它们与细嫩名优茶相比，冲泡后外形显得粗大，无秀丽之感，茶姿也缺少观赏性，如果用无盖的玻璃杯或瓷杯冲泡，会将粗大的茶形直观地显露眼底，一目了然，有失雅观，或者使人"厌食"，引不起品茶的情趣来。所以，一般不用无盖玻璃杯或瓷杯冲泡。

由上可见，老茶壶泡，嫩茶杯泡，既是茶性对泡茶的要求，也是品茗赏姿的需要，符合科学泡茶的道理。

四、浸润泡与"凤凰三点头"

泡茶动作中的浸润泡和"凤凰三点头",是泡茶技和艺结合的典型,多用于冲泡绿茶、红茶、黄茶、白茶中的高档茶。对较细嫩的高档名优茶,采用杯泡法泡茶时,大多采用两次冲泡法,也叫分段冲泡法。第一次称之为浸润泡,用旋转法,即按逆时针方向冲水,用水量大致为杯容量的五分之一;同时用手握杯,轻轻摇动,时间一般控制在七秒钟左右。目的在于使茶叶在杯中翻滚,在水中浸润,使芽叶舒展。这样,一则可使茶汁容易浸出;二则可以使品茶者在茶的香气挥逸之前,能闻到茶的真香。第二次冲泡,一般采用"凤凰三点头",冲泡时由低向高连拉三次,并使杯中水量恰到好处。采用这种手法泡茶,其意有三:一是使品茶者欣赏到茶在杯中上下浮动,犹如凤凰展翅的美姿;二是可以使茶汤上下左右回旋,使杯中茶汤均匀一致;三是表示主人向顾客"三鞠躬",以示对顾客的礼貌与尊重。作为一个泡茶高手,"凤凰三点头"的结果,应使杯中的水量正好控制在七分满,留下三分作空间,叫做"七分茶,三分情"。其实,我国民间也有类似说法,叫作"酒满敬人,茶满欺人",或者说,"浅茶满酒"。

将茶杯按一字型排开

关公巡城

五、"关公巡城"与"韩信点兵"

（1）"关公巡城"

用壶泡法泡茶供多人饮用时，须将壶中的茶汤均匀地斟入各个茶杯之中。我国闽南和广东潮汕地区的人们在饮功夫茶时，因茶叶用量很多，而每壶冲入的水量有限，须多次续水，分茶入杯时很难做到浓淡一致，于是人们将各个小茶杯一字排开，或成田字形、品字形排开，提壶在杯子上方来回洒茶，如由左往右，洒入的茶由淡渐浓，然后由右往左，茶汤从浓到更浓，使杯中的茶汤浓淡混合，而均匀一致。因品功夫茶用的多是紫红色的紫砂壶，分茶时好像关公在城上（小茶杯）来回巡逻，故美其名曰"关公巡城"。我国台湾地区饮功夫茶时，增加了一个公道杯，把多次冲泡的一壶壶茶汤先倒在公道杯中，几经混合，茶汤的浓度已均匀一致，然后再分别斟入茶杯中。

（2）"韩信点兵"

经"关公巡城"分茶之后，往往壶中还有少量茶汤，它们最浓，是茶汤的精华部分，需要均匀分配。为此，将壶中留下的少许茶汤，一杯一滴，分别滴入各个茶杯，人称"韩信点兵"。

采用"关公巡城"和"韩信点兵"，目的是使分到各个茶杯中的茶汤浓淡一致，体现了茶人之间的平等与和谐。同时，这种泡茶技艺是技术与艺术的结合，是茶文化中的美的展示。

六、"游山玩水"与巡回倒茶法

在茶楼，常用茶壶泡茶。冲泡后，再将壶中的茶汤分别倒入各个茶杯，这一过程称之为分茶。分茶时，通常是右手拇指和中指握住壶柄，食指抵壶盖钮或钮基侧部，再端起茶壶，在茶船上沿逆时针方向荡一圈，目的在于除去壶底的附着水滴，这一过程，茶艺界美其名曰"游山玩水"。接着是将端着的茶壶，置于茶巾上按一下，以吸干壶底水分。最后，才是将茶壶中的茶汤，分别倒入"一"字排开的各个茶杯中。为了使各个茶杯中的茶汤浓度达到相对一致，使各个茶杯的茶汤色泽、滋味，乃至香气不致有较大的差异，因此人称巡回倒茶法。以五杯分茶为例，杯容量以七分满为准，具体操作如下：第一杯倒入容量的 1/5，第二杯倒入容量的 2/5，第三杯倒入容量的 3/5，第四杯倒入容量的 4/5，第五杯倒入七分杯满为止，而后再依四、三、二、一的顺序，逐杯倒至七分满为止。

高冲

低斟

七、高冲和低斟

　　高冲与低斟，是针对泡茶与分茶而言的。前者是指泡茶时，采用壶泡法泡茶，尤其是用提水壶向泡茶器冲水时，落水点要高。冲泡时，犹如"高山流水"一般。因此，也有人称这一冲泡动作为"高山流水"。

　　冲泡工夫茶（乌龙茶）时，就更加讲究，要求冲茶时，一要做到提高水壶，使沸水环茶壶（冲罐）口边缘冲水，避免直接冲入壶心；二要做到注水不可断续，不能迫促。

　　那么，泡茶为何要用高点注水呢？这是因为：高冲泡茶，能使泡茶器内的茶上下翻动，湿润均匀，有利于茶汁的浸出。同时，高冲泡茶，还能使热力直冲泡茶器底部，随着水流的单向流动和上下旋转，有利于泡茶器中的茶汤浓度达到相对一致。另外，高冲泡茶，特别是首次续水，对乌龙茶来说，随着泡茶器中茶的旋转和翻滚，能使茶的叶片很快舒展，除去附着在茶片表面的尘埃和杂质，为乌龙茶的洗茶、刮沫打下基础。

　　茶经高冲泡茶后，通常还得进行适时分茶，即斟茶。具体做法是将泡茶器（壶、罐、瓯）中的茶汤一一斟入各个品茗杯中。但斟茶与泡茶不一样，斟茶时，提起茶壶分茶的落水点宜低不宜高，通常以稍高品茗杯口为宜。在茶艺过程中，相对于"高冲"而言，人们将之称为"低斟"。这样做的目的在于：高斟会使茶汤中的茶香飘逸，降低品茗杯中的茶香味；而低斟，可以在一定限度内，尽量保持茶香不散。高斟会使注入品茗杯中的茶汤表面泡沫丛生，

从而影响茶汤的洁净和美观，会降低茶汤的欣赏性。同时还会使分茶时产生"滴答"声，弄得不好，还会使茶汤翻落桌面，使人生厌。

其实，高冲与低斟，是茶艺过程中两个相连的动作，它们是人们在长期泡茶实践中的经验总结，有利于提高茶的冲泡质量。

八、上投法、下投法和中投法

这三种投茶方法，讲的是茶的冲泡过程中如何投茶。在实践过程中，要有条件、有选择地进行。如果运用得当，不但能掩盖不足，还能平添情趣。

（1）上投法

它指的是在茶叶冲泡时，先按需在杯中冲上开水至七分满，再用茶匙按一定比例取出适量茶叶，投入盛有开水的茶杯中。上投法泡茶，多用在泡茶时开水水温过高，而冲泡的茶又是紧细重实的高级细嫩名茶时。诸如高档细嫩的径山茶、碧螺春、临海蟠毫、前岗辉白、祁门红茶等。但用上投法泡茶，虽然解决了冲泡某些细嫩高档名茶时，因水温过高而造成的对茶汤色泽和茶姿挺立带来的负面影响，但也会造成茶汤浓度上下不一的不良后果。因此，品饮用上投法冲泡的茶叶时，最好先轻轻摇动茶杯，使茶汤浓度上下均一，茶香透发后再品茶。另外，用上投法泡茶，对茶的选择性也较强，如对条索松散的茶叶或毛峰类茶叶，都是不适用的，它会使茶叶浮在茶汤表面。不过，用上投法泡茶，在某些情况下，若能主动向宾客说明其意，有时反而能平添饮茶情趣。

（2）下投法

这是在冲泡用得最多的一种投茶方法，它是相对于上投法而言的。具体方法是：按茶杯大小，结合茶与水的用量之比，先在茶杯中投入适量茶叶，尔后，按茶与水的用量之比，将壶中的开水高冲入杯至七八分满为止。用这种投茶法泡茶，操作比较简单，茶叶舒展较快，茶汁较易浸出，且茶汤浓度较为一致。因此，有利于提高茶汤的色、香、味。目前，除细嫩、高级名优茶外，多数采用的是下投法泡茶。但用下投法泡茶，也会因不能及时调整泡茶水温，而影响各类茶冲泡时对适宜水温的要求。

（3）中投法

它是相对于上投法和下投法而言的。目前，对一些细嫩名优茶的冲泡，多数采用中投法冲泡，具体操作方法是：先向杯内投入适量茶叶，尔后冲入少许开水（以浸没茶叶为止）；接着，右手握杯，左手平摊，中指抵住杯底，稍加摇动，使茶湿润；再用高冲法或"凤凰三点头"法，冲开水至七分满。所以，中投法其实就是用两次分段法泡茶。中投法泡茶，在很大程度上解决了上投法和下投法对泡茶造成的不利影响，但操作比较复杂，这是美中不足之处。

九、续水次数

　　茶叶除袋泡茶外，一般可冲泡多次。而每次冲泡，茶中的内含物质浸出率是不一样的。最易浸出的是氨基酸和维生素，其次是茶多酚和可溶性糖等。据测定，茶叶第一次冲泡时，茶中的可溶性物质能浸出 50％～55％；第二次冲泡，能浸出 30％；第三次冲泡，能浸出约 10％；第四次冲泡，只能浸出 2％～3％，接近于白开水。因此，饮用一般红、绿茶，冲泡两三次后，如要继续饮用，

应重新换茶冲泡。饮用细嫩名优茶，因茶汁更易浸出，一般只能冲泡两次。品饮乌龙茶，续水次数可达 5~6 次。冲泡白茶中的白毫银针、黄茶中的君山银针，它们虽然芽叶细嫩，但是未经揉捻，茶汁不易浸出，冲泡 4~5 分钟后，茶叶才开始慢慢下沉，10 分钟后，才适宜品饮，而且只能冲泡一两次。袋泡茶中的茶叶都经切碎加工，茶汁极易浸出，因此，一般只能冲泡一次，最多不能超过两次。

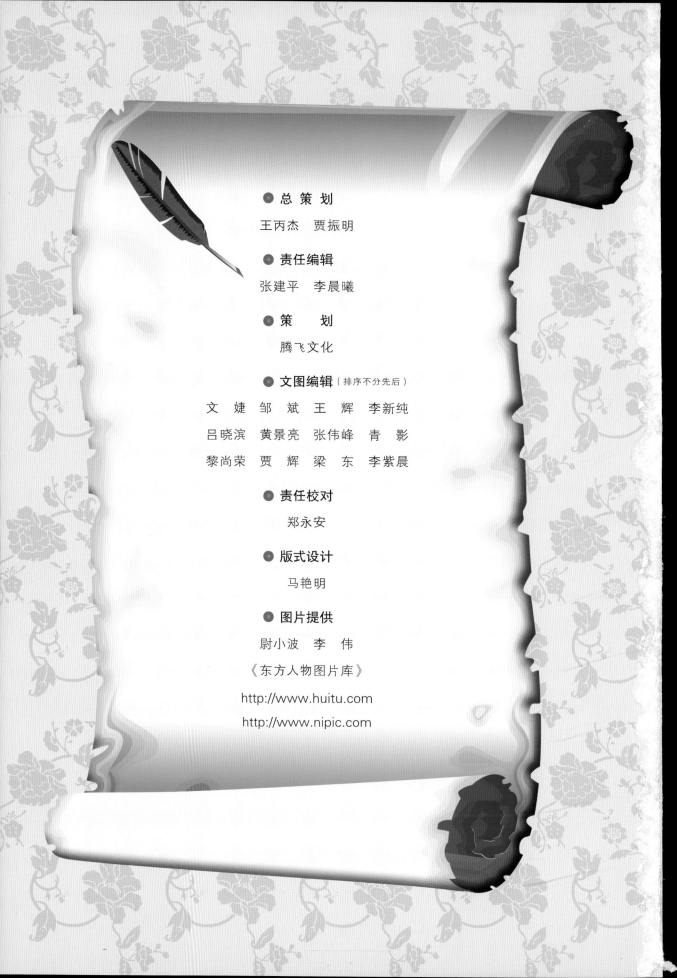

● 总 策 划

王丙杰　贾振明

● 责任编辑

张建平　李晨曦

● 策　　划

腾飞文化

● 文图编辑（排序不分先后）

文　婕　邹　斌　王　辉　李新纯

吕晓滨　黄景亮　张伟峰　青　影

黎尚荣　贾　辉　梁　东　李紫晨

● 责任校对

郑永安

● 版式设计

马艳明

● 图片提供

尉小波　李　伟

《东方人物图片库》

http://www.huitu.com

http://www.nipic.com